工业和信息化精品系列教材

第2版

Python

程序设计现代方法

黑马程序员◎编著

人民邮电出版社

北　京

图书在版编目（ＣＩＰ）数据

Python程序设计现代方法 / 黑马程序员编著. -- 2
版. -- 北京：人民邮电出版社，2024.6
工业和信息化精品系列教材
ISBN 978-7-115-63655-3

Ⅰ．①P… Ⅱ．①黑… Ⅲ．①软件工具－程序设计－
高等学校－教材 Ⅳ．①TP311.561

中国国家版本馆CIP数据核字(2024)第023421号

内 容 提 要

Python 作为编程语言，凭借着高效率、可移植、可扩展、可嵌入、易于维护等优点，成为了当今社会主流的程序设计语言之一。

本书作为入门级教材，详细讲解在 Windows 环境下 Python 程序设计的相关知识，共 10 章。第 1 章初识 Python，介绍 Python 环境配置、集成开发环境、程序的开发与编写等；第 2～9 章介绍 Python 的语法知识，包括 Python 基础语法、字符串、流程控制、组合数据类型、函数与模块、常用库的使用、文件和数据格式化、面向对象编程等；第 10 章结合前面所学的知识，开发一个综合项目—学生管理系统。

本书配套丰富的教学资源，包括教学 PPT、教学大纲、教学设计、源代码、课后习题及答案等，为帮助初学者更好地学习本书内容，作者还提供在线答疑服务。

本书既可作为高等教育本、专科院校计算机相关专业的教材，也可作为编程爱好者的自学参考书。

◆ 编　著　黑马程序员
　　责任编辑　范博涛
　　责任印制　焦志炜

◆ 人民邮电出版社出版发行　　北京市丰台区成寿寺路 11 号
　　邮编　100164　　电子邮件　315@ptpress.com.cn
　　网址　https://www.ptpress.com.cn
　　北京市艺辉印刷有限公司印刷

◆ 开本：787×1092　1/16
　　印张：13.5　　　　　　　　　　　2024 年 6 月第 2 版
　　字数：323 千字　　　　　　　　　2024 年 12 月北京第 4 次印刷

定价：49.80 元

读者服务热线：(010)81055256　印装质量热线：(010)81055316
反盗版热线：(010)81055315
广告经营许可证：京东市监广登字 20170147 号

FOREWORD

 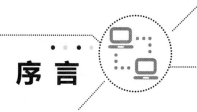

本书的创作公司——江苏传智播客教育科技股份有限公司（简称"传智教育"）作为我国第一个实现 A 股 IPO 上市的教育企业，是一家培养高精尖数字化专业人才的公司，主要培养人工智能、大数据、智能制造、软件开发、区块链、数据分析、网络营销、新媒体等领域的人才。传智教育自成立以来贯彻国家科技发展战略，讲授的内容涵盖了各种前沿技术，已向我国高科技企业输送数十万名技术人员，为企业数字化转型、升级提供了强有力的人才支撑。

传智教育的教师团队由一批来自互联网企业或研究机构，且拥有 10 年以上开发经验的 IT 从业人员组成，他们负责研究、开发教学模式和课程内容。传智教育具有完善的课程研发体系，一直走在整个行业的前列，在行业内树立了良好的口碑。传智教育在教育领域有 2 个子品牌：黑马程序员和院校邦。

一、黑马程序员——高端 IT 教育品牌

黑马程序员的学员多为大学毕业后想从事 IT 行业，但各方面的条件还达不到岗位要求的年轻人。黑马程序员的学员筛选制度非常严格，包括了严格的技术测试、自学能力测试、性格测试、压力测试、品德测试等。严格的筛选制度确保了学员质量，可在一定程度上降低企业的用人风险。

自黑马程序员成立以来，教学研发团队一直致力于打造精品课程资源，不断在产、学、研 3 个层面创新自己的执教理念与教学方针，并集中黑马程序员的优势力量，有针对性地出版了计算机系列教材百余种，制作教学视频数百套，发表各类技术文章数千篇。

二、院校邦——院校服务品牌

院校邦以"协万千院校育人、助天下英才圆梦"为核心理念，立足于中国职业教育改革，为高校提供健全的校企合作解决方案，通过原创教材、高校教辅平台、师资培训、院校公开课、实习实训、协同育人、专业共建、"传智杯"大赛等，形成了系统的高校合作模式。院校邦旨在帮助高校深化教学改革，实现高校人才培养与企业发展的合作共赢。

（一）为学生提供的配套服务

1. 请同学们登录"传智高校学习平台"，免费获取海量学习资源。该平台可以帮助同学们解决各类学习问题。

2. 针对学习过程中存在的压力过大等问题，院校邦为同学们量身打造了 IT 学习小助手——邦小苑，可为同学们提供教材配套学习资源。同学们快来关注"邦小苑"微信公众号。

（二）为教师提供的配套服务

1. 院校邦为其所有教材精心设计了"教案+授课资源+考试系统+题库+教学辅助案例"的系列教学资源。教师可登录"传智高校教辅平台"免费使用。

2. 针对教学过程中存在的授课压力过大等问题，教师可添加"码大牛"QQ（2770814393），或者添加"码大牛"微信（18910502673），获取最新的教学辅助资源。

Python 因其简洁的语法、功能强大的库和框架成为了主流的程序设计语言。无论是在数据科学、机器学习还是网络开发等领域，Python 都为我们提供了丰富的工具和资源，使得开发工作变得更加高效和便捷。

◆　为什么要学习本书

要想学好程序设计语言，掌握相关知识只是第一步，若想拥有编程能力，必须动手实践。本书采用理论与实践相结合的讲解方式，首先对理论知识进行讲解，再通过实例的学习对理论知识进行巩固，旨在帮助读者在学习理论知识的同时，强化动手实践能力。

本书在编写的过程中，结合党的二十大精神进教材、进课堂、进头脑的要求，将知识教育与思想品德教育相结合，通过案例学习加深学生对知识的认识与理解，让学生在学习新兴技术的同时了解国家在科技发展上的伟大成果，提升学生的民族自豪感，引导学生树立正确的世界观、人生观和价值观，进一步提升学生的职业素养，落实德才兼备、高素质和高技能的人才培养要求。

◆　如何使用本书

本书共 10 章，各章内容简介如下。

• 第 1 章主要介绍 Python 的基础知识，包括 Python 概述、Python 环境配置、集成开发环境、程序的开发与编写等。通过学习本章的内容，读者能够对 Python 语言建立起初步的认识。

• 第 2 章主要介绍 Python 基础语法，包括代码风格、标识符和关键字、变量、数据类型、数字运算、基本输入和输出。通过学习本章的内容，读者能够为后期深入学习 Python 打好扎实的基础。

• 第 3 章主要介绍字符串，包括字符串的定义、字符串的索引与切片、字符串格式化、字符串运算符、字符串处理函数和字符串处理方法。通过学习本章的内容，读者能够掌握字符串的基本使用方法，能够灵活运用字符串来开发程序。

• 第 4 章主要介绍流程控制，包括程序表示方法、分支结构和循环结构。通过学习本章的内容，读者能够掌握不同分支结构和循环结构的用法及相关执行流程。

• 第 5 章主要介绍组合数据类型，包括组合数据类型概述、列表与元组、集合和字典。通过学习本章的内容，读者能够掌握各种组合数据的特点，并在实际编程中对其进行灵活运用。

• 第 6 章主要介绍函数与模块，包括函数概述、函数的基础知识、函数的参数传递、函数的返回值、变量作用域、函数的特殊形式和模块。通过学习本章的内容，读者能够理解在程序中使用函数的优势，能够按照需求灵活定义与调用函数，并能够在程序中熟练导入和使用模块。

- 第 7 章主要介绍常用库的使用，包括 random 库、turtle 库、time 库、jieba 库、WordCloud 库。通过学习本章的内容，读者能够熟练掌握这几个库的用法，能够根据具体的场景选择合适的库进行开发工作。
- 第 8 章主要介绍文件和数据格式化，包括文件概述、文件的基本操作、文件迭代、数据维度与数据格式化。通过学习本章的内容，读者能够理解计算机中文件的意义，熟练运用文件的基本操作，并熟悉常见的数据组织形式。
- 第 9 章主要介绍面向对象编程，包括面向对象概述、类与对象、属性、方法、构造方法、封装、继承、多态和异常。通过学习本章的内容，读者能够理解面向对象的思想与特性，掌握面向对象的编程技巧。
- 第 10 章采用面向对象的编程方式开发一个综合项目——学生管理系统。通过学习本章的内容，读者能够理解面向对象编程的优势，并能够轻松地将面向对象的编程思想运用到实际项目的开发中。

读者在学习本书过程中，一定要亲自动手实践书中所有实例，如遇到无法理解的地方，建议不要纠结，先往后学习，随着学习的不断深入，前面不理解的地方慢慢就理解了。

◆ 致谢

本书的编写和整理工作由江苏传智播客教育科技股份有限公司完成，主要参与人员有高美云、王晓娟、孙东等，全体人员在近一年的编写过程中付出了辛勤的汗水，在此一并表示衷心的感谢。

◆ 意见反馈

尽管作者付出了最大的努力，但书中难免会有不妥之处，欢迎读者朋友们来信给予宝贵意见，我们将不胜感激。

来信请发送电子邮件至 itcast_book@vip.sina.com。

黑马程序员
2024 年 3 月

目 录
CONTENTS

第 1 章

初识Python

学习目标

★ 了解 Python 语言，能够说出 Python 语言有哪些优点和缺点

★ 了解 Python 语言的应用领域，能够至少列举 3 个应用领域

★ 掌握 Python 解释器的安装方式，能够在计算机中安装 Python 解释器

★ 掌握 Python 程序的运行方式，能够通过交互式和文件式这两种方式运行 Python 程序

★ 掌握集成开发环境的安装与使用方式，能够熟练安装 PyCharm 工具并使用该工具编写代码

★ 熟悉程序的开发流程及编写方法，能够按照规范进行程序开发

Python 语言自问世以来，凭借简单易学的语法、丰富的类库、良好的可移植性等特点，一跃成为许多数据科学家和人工智能研究者的首选编程语言。目前，人工智能在各行业中的应用越来越广泛，发展前景非常广阔，对于想进入人工智能领域的人来说，学习 Python 至关重要。本章将带领大家简单地认识 Python 语言，以及搭建 Python 的开发环境。

1.1 Python 概述

1.1.1 Python 语言简介

Python 是一种跨平台的面向对象编程语言，它最初被设计用于编写自动化脚本。随着版本的不断更新以及新功能的不断添加，目前 Python 已经被用于开发独立的大型项目。

Python 语言作为一种比较“新”的编程语言，能在众多编程语言中脱颖而出，且与 C 语言、C++、Java 等“元老级”编程语言并驾齐驱，无疑说明其具有诸多高级编程语言的优点。下面将简单介绍 Python 语言的优点。

（1）简洁。在实现相同功能时，Python 代码的行数往往比 C 语言、C++、Java 代码的行数少很多。

（2）语法优美。Python 语言是高级编程语言，用户只要掌握由英语单词表示的助记符，就能大致读懂 Python 代码；此外 Python 通过强制缩进体现语句间的逻辑关系，通过编订

PEP 8 文档规范代码，使用户编写的代码具有统一的风格，这增强了 Python 代码的可读性。

（3）简单易学。与其他编程语言相比，Python 是一门简单易学的编程语言，它使编程人员更注重解决问题，而非语言本身的语法和结构。Python 语法大多源自 C 语言，但它摒弃了 C 语言中复杂的指针，同时秉持"使用最优方案解决问题"的原则，使语法得到了简化，降低了学习难度。

（4）开源。Python 是 FLOSS（Free/Libre and Open Source Software，自由/开源软件）之一，用户可以自由地下载、复制、阅读、修改代码，并能自由发布修改后的代码，这使相当一部分用户热衷于改进与优化 Python。

（5）可移植。Python 作为一种解释型的脚本语言，可以在任何安装了 Python 解释器的平台中执行，因此 Python 具有良好的可移植性，使用 Python 语言编写的程序可以不加修改地在任何平台中运行。

（6）扩展性良好。Python 在高层可引入.py 文件，包括 Python 标准库文件或程序员自行编写的.py 文件；在底层可通过接口和库函数调用由其他高级语言（如 C 语言、C++、Java等）编写的代码。

（7）类库丰富。Python 本身拥有丰富的内置库，世界各地的开发人员通过开源社区又贡献了数万个第三方库，这些第三方库几乎覆盖了各个应用领域。

（8）通用、灵活。Python 作为一种通用编程语言，适用于科学计算、数据分析、游戏开发、人工智能和机器学习等多个领域。作为动态类型语言，Python 可在运行时更改变量的数据类型，无须在编译时声明变量的数据类型，从而提高代码的灵活性。

（9）良好的中文支持。Python 在处理和操作中文字符、中文文本等方面有着非常出色的表现，这主要得益于其支持 Unicode 编码，可以轻松地编写、读取、处理中文字符，并与其他语言的字符进行无缝交互。此外，Python 社区还为用户提供了多种针对中文文本处理的库，如 jieba 库、中文自然语言处理库等，大大降低了开发者在处理中文相关任务时的难度。

当然，任何事物都具有两面性，Python 自然也存在着一些不足。相对于编译型语言来说，Python 程序的运行速度较慢。虽然 Python 程序的运行速度可以通过一些技巧提高，但仍存在一定的性能瓶颈，不能满足某些高性能需求。

总而言之，Python 瑕不掩瑜。对编程语言初学者而言，Python 简单易学，是一个不错的入门选择；对程序开发人员而言，Python 通用、灵活、简洁、高效，是一门强大又优秀的语言。

1.1.2 Python 语言的应用领域

Python 是一种通用、灵活、高级的编程语言，被广泛应用在多个领域，下面介绍一些常见的应用领域。

（1）Web 开发。Python 是进行 Web 开发的主流语言，与 JavaScript、PHP 等广泛使用的语言相比，Python 的类库丰富、使用方便，能够为一个需求提供多种方案。此外 Python支持最新的 XML（eXtensible Markup Language，可扩展标记语言）技术，具有强大的数据处理能力，因此 Python 在 Web 开发中占有一席之地。Python 为 Web 开发领域提供的框架有 Django、Flask、Tornado、web2py 等。

（2）科学计算与数据分析。随着 NumPy、SciPy、Matplotlib、pyecharts 等众多库的引入和完善，Python 越来越适合做科学计算和数据分析。Python 不仅支持各种数学运算，还可以绘制高质量的 2D 和 3D 图像。与科学计算领域流行的商业软件 MATLAB 相比，Python 的应用范围更广泛，可以处理的文件和数据的类型更丰富。

（3）游戏开发。很多游戏开发者先利用 Python 或 Lua 编写游戏的逻辑代码，再使用 C++ 编写图形显示等对性能要求较高的模块。Python 第三方库提供了 Pygame 模块，可以利用这个模块制作 2D 游戏。

（4）自动化运维。Python 是一种脚本语言，Python 标准库提供了一些能够调用系统功能的库，因此 Python 常被用于编写脚本程序，以控制系统，实现自动化运维。

（5）网络爬虫开发。网络爬虫程序能够有针对性地爬取网络数据，提取可用资源。Python 拥有良好的网络支持，具备相对完善的数据分析与数据处理库，兼具灵活、简洁的特点，被广泛应用于网络爬虫领域之中。

（6）人工智能。Python 是人工智能领域的主流编程语言，人工智能领域神经网络方向流行的神经网络框架 PyTorch 就采用了 Python 语言。

1.2　Python 环境配置

Python 程序的执行需要依赖解释器完成，只有在计算机上安装 Python 解释器并配置好开发环境后，才能开发 Python 程序。接下来，本节将介绍 Python 开发环境的配置以及如何运行 Python 程序。

1.2.1　安装 Python 解释器

Python 官网针对不同的操作系统提供了相应版本的解释器安装包，截至本书完稿时，Python 解释器的最新版本是 3.11.3。下面以 Windows 10 操作系统为例，演示 Python 3.11.3 解释器的安装过程，具体步骤如下。

（1）在浏览器中访问 Python 官网的下载页面，如图 1-1 所示。

（2）单击图 1-1 所示页面中的超链接 "Windows"，进入 Windows 版本安装包下载页面，根据操作系统版本选择相应安装包，如图 1-2 所示。

图1-1　Python官网的下载页面

图1-2　Windows版本安装包下载页面

图 1-2 所示页面展示了两种形式的安装包，分别是 Windows embeddable package 和 Windows installer，其中 Windows embeddable package 表示下载的安装包是一个压缩包，解压后即可完成安装 Python 解释器。Windows installer 表示下载的安装包是一个扩展名为.exe 的安装程序，需要双击并根据向导逐步安装 Python 解释器。虽然前者使用便捷，但它在完成

安装后需要用户手动配置环境变量，而后者可以让用户在安装过程中选择配置环境变量，通常情况下建议选择 Windows installer 形式的安装包。

（3）单击图 1-2 所示页面中的超链接 "Windows installer (64-bit)"，开始下载版本为 3.11.3、扩展名为.exe 的安装包。下载完成后，双击安装包打开"Install Python 3.11.3(64-bit)"界面，如图 1-3 所示。

图 1-3 所示界面上展示了两种安装方式，分别是"Install Now"和"Customize installation"。其中"Install Now"表示默认安装方式，默认会将 Python 解释器安装到指定路径，即 C:\Users\itcast\AppData\Local\Programs\Python\Python311；"Customize installation"表示自定义安装方式，用户能够根据需要选择其他的安装路径。

此外，界面下方有一个"Add python.exe to PATH"复选框，若勾选此复选框，会将 Python 解释器的安装路径自动添加到环境变量中；若不勾选此复选框，则在使用 Python 解释器之前需要手动将 Python 解释器的安装路径添加到环境变量中。

（4）勾选"Add python.exe to PATH"复选框，单击"Install Now"后进入"Setup Progress"界面，如图 1-4 所示。

图1-3　"Install Python 3.11.3（64-bit）"界面

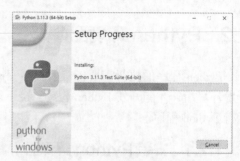

图1-4　"Setup Progress"界面

图 1-4 所示界面上展示了进度条，用于提示 Python 解释器的安装进度。

（5）安装完成后会自动进入"Setup was successful"界面，如图 1-5 所示。

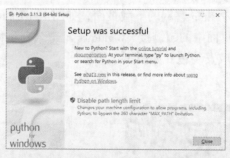

图1-5　"Setup was successful"界面

单击图 1-5 所示界面中的"Close"按钮，关闭"Setup was successful"界面。

（6）在"开始"菜单栏中搜索"python"，找到并单击"Python 3.11(64-bit)"打开解释器窗口，如图 1-6 所示。

从图 1-6 所示的信息"Python 3.11.3"可以看出，已进入 Python 环境，说明 Python 解释器安装成功。用户若要退出 Python 环境，在命令提示符">>>"后面输入 quit()或 exit()命令，按 Enter 键执行命令即可。

图1-6   Python解释器窗口

用户也可通过命令提示符窗口进入 Python 环境，具体操作为：打开命令提示符窗口，在命令提示符窗口的提示符"＞＞＞"后输入"python"，按 Enter 键。具体如图 1-7 所示。

图1-7   通过命令提示符窗口进入Python环境

多学一招：手动配置环境变量

Python 解释器安装完成后，在命令提示符窗口输入"python"并按 Enter 键，若提示"python 不是内部或外部命令，也不是可运行的程序或批处理文件。"说明系统未能找到 Python 解释器的安装路径，此时可以手动为 Python 配置环境变量，以解决此问题。

环境变量（Environment Variable）是操作系统中包含的一个或多个应用程序将会使用的信息变量。在向 Windows 和 DOS（Disk Operating System，磁盘操作系统）中搭建开发环境时常常需要配置环境变量 Path，以便系统在运行程序时可以获取到程序所在的完整路径。若配置了环境变量，系统除了在当前目录下查找指定程序，还会到 Path 变量所指定的路径中查找程序。下面以 Python 为例，演示配置环境变量 Path 的方式，具体步骤如下。

（1）在桌面"此电脑"上右击，弹出快捷菜单，选择"属性"命令打开"系统"窗口，单击该窗口左侧选项列表中的"高级系统设置"，打开"系统属性"对话框，如图 1-8 所示。

（2）单击图 1-8 所示对话框中的"环境变量"按钮，打开"环境变量"对话框，如图 1-9 所示。

图1-8   "系统属性"对话框

图1-9   "环境变量"对话框

（3）在图 1-9 所示对话框中"系统变量"里找到环境变量"Path"并双击，打开"编辑环境变量"对话框，如图 1-10 所示。

（4）在图 1-10 所示对话框中单击"新建"按钮，输入 Python 解释器的安装路径，本书使用的安装路径是 C:\Users\itcast\AppData\Local\Programs\Python\Python311，如图 1-11 所示。

图1-10 "编辑环境变量" 对话框

图1-11 添加Python安装路径

（5）在图 1-11 中单击"确定"按钮，完成环境变量的配置。

若在安装 Python 解释器时未勾选"Add python.exe to PATH"复选框，则可以使用上述方式手动配置环境变量，以确保在系统的任何路径下都可以正常启动 Python 解释器。

1.2.2 Python 程序的运行方式

Python 程序的运行方式有两种，分别是交互式和文件式。交互式指 Python 解释器逐行接收 Python 代码并即时响应；文件式也称批量式，指先将 Python 代码保存在扩展名为.py 的文件中，再启动 Python 解释器批量运行代码。下面演示如何通过交互式和文件式这两种方式运行程序。

1. 交互式

打开命令行工具进入 Python 环境，在命令提示符"＞＞＞"的后面输入如下一行代码：

```
print("书山有路勤为径，学海无涯苦作舟")
```

按 Enter 键，命令提示符窗口立刻在提示符的下一行输出运行结果，运行结果如下所示：

```
书山有路勤为径，学海无涯苦作舟
```

2. 文件式

创建一个文本文件，在该文件中写入一行 Python 代码，具体内容为 print("书山有路勤为径，学海无涯苦作舟")，将该文件另存为 hello.txt 文件，指定编码方式为 UTF-8，并将文件的扩展名修改为.py。在 hello.py 文件所在路径下按组合键"Shift+鼠标右键"，弹出快捷菜单，选择快捷菜单中的"在此处打开命令窗口"命令，打开命令提示符窗口。

在命令提示符"＞"后输入命令"python hello.py"，按 Enter 键运行 hello.py 文件，具体如图 1-12 所示。

由图 1-12 可知，命令执行后成功输出了结果。

图1-12　运行hello.py文件

1.3　集成开发环境

安装 Python 解释器、配置环境变量之后，方可开始 Python 程序的开发。但在实际学习与开发中，往往还会用到集成开发环境（Integrated Development Environment，IDE），常用的 IDE 有 Sublime Text、Eclipse+PyDev、Vim、PyCharm 等，这些工具通常通过提供一系列插件来帮助用户加快开发速度、提高开发效率，本书选择 PyCharm 作为 IDE。接下来，本节将介绍如何安装和使用 PyCharm。

1.3.1　PyCharm 的下载和安装

PyCharm 是由 JetBrains 公司打造的一款 IDE，它具备一整套工具，可以帮助用户使用 Python 语言开发时提高效率，包括调试、语法高亮、项目管理、代码跳转、智能提示、单元测试、版本控制等功能，使程序编写、运行、测试一体化。此外，PyCharm 还提供了一些支持在 Django 框架下进行专业 Web 开发的高级功能。

在浏览器中访问 PyCharm 官网的下载页面，如图 1-13 所示。

图1-13　PyCharm官网的下载页面

图 1-13 所示页面中的 Professional 和 Community 代表 PyCharm 的两个版本，这两个版本的特点如下。

（1）Professional 版本的特点：

① 提供 Python IDE 的所有功能，支持 Web 开发；

② 支持 Django、Flask、Google App 引擎、Pyramid 和 web2py；

③ 支持 JavaScript、CoffeeScript、TypeScript、CSS 和 Cython 等；

④ 支持远程开发、Python 分析器、数据库和 SQL（Structure Query Language，结构查询语言）语句。

（2）Community 版本的特点：

① 轻量级的 Python IDE，只支持 Python 开发；

② 免费、开源，集成有 Apache License 2.0；

③ 智能编辑器、调试器，支持重构和错误检查，集成有 VCS（Version Control System，版本控制系统）。

单击相应版本的"Download"按钮可以下载 PyCharm 的安装包。本书选择 Windows 系统的 Community 版本进行下载。在图 1-13 所示页面中，单击 Community 版本下的"Download"按钮，跳转至感谢下载的页面，并开始下载版本为 2023.1 的 PyCharm 安装包。接下来，以 Windows 系统为例，讲解如何在计算机上安装 PyCharm，具体步骤如下。

（1）双击 PyCharm 安装包，打开"Welcome to PyCharm Community Edition Setup"界面，如图 1-14 所示。

（2）单击图 1-14 所示界面中的"Next"按钮，进入"Choose Install Location"界面，在该界面可以设置 PyCharm 的安装路径，如图 1-15 所示。

 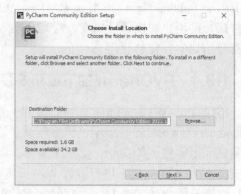

图1-14 "Welcome to PyCharm Community Edition Setup"界面   图1-15 "Choose Install Location"界面

（3）保持默认配置，单击图 1-15 所示界面中的"Next"按钮，进入"Installation Options"界面，在该界面可以配置 PyCharm，如图 1-16 所示。

（4）在图 1-16 所示界面中勾选所有复选框，单击"Next"按钮，进入"Choose Start Menu Folder"界面，如图 1-17 所示。

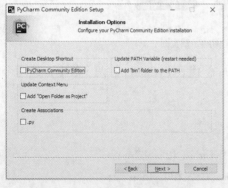 

图1-16 "Installation Options"界面   图1-17 "Choose Start Menu Folder"界面

（5）单击图 1-17 所示界面中的"Install"按钮，进入"Installing"界面，该界面会以进度条的形式显示 PyCharm 的安装进度，如图 1-18 所示。

（6）等待片刻后 PyCharm 安装完成，自动进入"Completing PyCharm Community Edition Setup"界面，如图 1-19 所示。

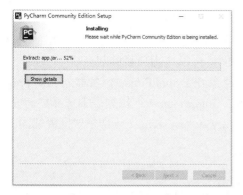

图1-18　"Installing"界面

图1-19　"Completing PyCharm Community
Edition Setup"界面

在图 1-19 所示界面中，单击"Finish"按钮关闭界面。至此，PyCharm 安装完成。

1.3.2　PyCharm 的基本使用

完成 PyCharm 的安装后，双击桌面的快捷方式，打开"Welcome to PyCharm"窗口，如图 1-20 所示。

图 1-20 所示窗口中，左侧栏目中有"Projects""Customize""Plugins""Learn"4 个菜单，分别表示项目、自定义配置、插件和学习 PyCharm 的教程或帮助文档；右侧展示了 Projects 菜单对应的项目面板，该面板中有"New Project""Open""Get from VCS"3 个按钮，分别表示创建新项目、打开已有项目和从版本控制系统中获取项目。

下面为大家演示如何使用 PyCharm 重置颜色主题、创建新项目，以及在新项目中编写与运行代码，具体步骤如下。

（1）在图 1-20 所示窗口中，单击窗口左侧的"Customize"菜单打开自定义配置面板，在该面板中选择颜色主题"Light"，如图 1-21 所示。

图1-20　"Welcome to PyCharm"窗口

图1-21　自定义配置面板

（2）在图 1-21 所示面板中单击左侧的 Projects 菜单，切换回项目面板，单击该面板中的"New Project"按钮进入"New Project"窗口，如图 1-22 所示。

图 1-22 所示窗口中，"Location"文本框用于设置项目的名称以及路径，"Python Interpreter"选项用于选择新环境或 Python 解释器。若选中"New environment using"单选项，则会使用新创建的环境，并可通过"Location"和"Base interpreter"指定新环境的位置和解释器的位置；若选中"Previously configured interpreter"单选项，则需要从"Interpreter"下

拉列表中选择相应的解释器。

"Create a main.py welcome script"复选框用于选择是否将 main.py 文件添加到新创建的项目中，main.py 文件包含简单的 Python 代码示例，可以作为项目的起点。

（3）在图 1-22 所示窗口中，填写项目的路径为 D:\PythonProject，名称为 first_proj；选中"Previously configured interpreter"单选项，从"Interpreter"下拉列表中选择之前安装的版本为 3.11 的解释器；取消勾选"Create a main.py welcome script"复选框。设置好的"New Project"窗口如图 1-23 所示。

图1-22 "New Project"窗口   图1-23 设置好的"New Project"窗口

（4）在图 1-23 所示窗口中，单击"Create"按钮后会在 D:\PythonProject 目录下创建一个名称为 first_proj 的项目，并进入项目管理窗口，如图 1-24 所示。

（5）在图 1-24 所示窗口中，单击左上方标注的文件夹图标，弹出项目的目录结构，如图 1-25 所示。

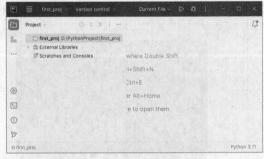

图1-24 项目管理窗口   图1-25 项目的目录结构

（6）在图 1-25 所示窗口中，选中 first_proj 项目的根目录并右击，在弹出的快捷菜单中选择"New"→"Python File"，在弹出的"New Python file"界面中给项目添加用于保存代码的 Python 文件。"New Python file"界面如图 1-26 所示。

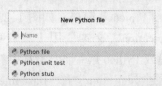

图1-26 "New Python file"界面

若想取消添加的文件,单击"New Python file"界面以外的空白区域,关闭"New Python file"界面。

(7)在图 1-26 所示的"Name"文本框中,填写 Python 文件的名称 first,按 Enter 键后会在 first_proj 项目的根目录下添加 first.py 文件。文件添加完成后的"项目管理"窗口如图 1-27 所示。

(8)此时窗口右侧面板打开 first.py 文件,我们可以在光标位置编写代码。在 first.py 文件中编写如下代码:

```python
print("书山有路勤为径,学海无涯苦作舟")
```

(9)代码编写完毕后,单击图 1-27 所示窗口上方的 ▶ 按钮,或者按组合键"Shift+F10"立即运行,代码的运行结果会显示到窗口下方的控制台面板中,如图 1-28 所示。

图1-27　文件添加完成后的"项目管理"窗口

图1-28　代码的运行结果

从图 1-28 中可以看出,控制台面板输出的结果为"书山有路勤为径,学海无涯苦作舟",说明成功执行了代码。

1.4　程序的开发与编写

程序是运行在计算机之上,用于实现某种功能的一组指令的集合。程序的规模与功能的复杂度有关,一般而言,功能越复杂,程序的规模就越大。下面从程序开发流程和程序编写的基本方法两个方面对程序实现方法进行说明。

1.4.1　程序开发流程

为了保证程序与需求统一,也为了保证程序能长期、稳定使用,人们将程序的开发流程分为 6 个阶段。

1. 分析问题

编写程序的目的是控制计算机解决问题,在解决问题之前,应充分了解要解决的问题,明确真正的需求,避免因理解偏差而设计出不符合需求的程序。

例如,"小张问小李明天做什么,小李说他明天要去补课,不能有其他安排"这一描述有两种理解:其一,"他"指小张,小张明天要去补课,小李的回答是提醒他(小张)已有安排,既然无法一起活动,何必问自己(小李)的安排;其二,"他"指小李,小李表示自己明天要去补课,这就是他(小李)明天要做的事。

在实际开发中,提出问题和解决问题的通常是不同的人,而自然语言又容易产生歧义,因此要与需求方充分沟通,厘清所需解决的问题,这是程序设计的前提。

2．划分边界

这一阶段的任务是描述程序要"做什么"，此时无须考虑程序具体要"怎么做"。例如对于"小李计划从家出发到学校"，只需要确定核心人物"小李"从"家里出发"，最终"抵达学校"，至于小李如何实现从"家"到"学校"这一地址的转换，这里不需要考虑。在这一阶段可利用 IPO（Input，Process，Output）方法（该方法将在 1.4.2 节讲解）描述问题，确定程序的输入、处理和输出之间的总体关系。

3．设计程序

这一阶段需要考虑"怎么做"，即确定程序的结构和流程。对于简单的程序，应先使用 IPO 方法描述，再着重设计算法。对于复杂的程序，应运用"化整为零，分而治之"的思想，先将整个程序划分为多个"小模块"，通过每个小模块实现小功能，将每个小功能当作独立的处理过程，为其设计算法，再设计可以联系各个小功能的流程。

4．编写程序

这一阶段的任务是使用编程语言编写程序。这一阶段首要考虑的是编程语言的选择，不同的编程语言在性能、开发周期、可维护性等方面有一定的差异，在实际开发中会对编程语言在这些方面进行一定考量。

5．测试与调试

这一阶段的任务是运行程序，测试程序的功能，判断功能是否与预期相符，是否存在疏漏。如果程序存在不足，应着手定位和修复（即"调试"）程序。在这一阶段中应做尽量多的考量与测试。

6．升级与维护

程序总不会完全完成，哪怕它已投入使用，后续需求方可能会提出新的需求，此时需要为程序添加新功能，对其进行升级；程序使用时可能会产生问题，或发现漏洞，此时需要完善程序，对其进行维护。

综上所述，程序开发的流程不单单包括编写程序，分析问题、划分边界、设计程序、测试与调试、升级与维护亦是程序开发不可或缺的阶段。

我们在开发任何程序时都应该遵循基本的流程，只有这样才能开发出高效、优质的程序。另外，我们还应该时刻注意程序的安全性和稳定性，以避免程序出现漏洞和崩溃等问题，保证其在长时间运行中的稳定和健壮。

1.4.2　程序编写的基本方法

无论是实现四则运算的小规模程序，还是航天器使用的复杂的控制程序，都遵循输入数据、处理数据和输出数据这一运算模式。这一基础的运算模式形成了基本的程序编写方法——IPO 方法，I、P、O 分别是输入（Input）、处理（Process）和输出（Output），关于它们的介绍如下。

1．输入

程序总是与数据有关，在处理数据之前需要先获取数据。程序中数据的获取称为数据输入，根据待处理数据来源的不同，将数据输入分为以下多种方式。

（1）控制台输入：程序使用者通过控制台执行程序，或与程序交互时，在控制台中输入数据，将数据传送给程序。这种情况下，程序中一般会设置友好的提示信息，帮助使用者正确输入数据。

（2）随机数据输入：程序可以调用特定的随机数生成器程序或随机数函数生成随机数，将随机数作为输入。

（3）内部变量输入：在编写程序时可定义并初始化变量，将此类变量作为输入。

（4）文件输入：在程序中可读取文件，将文件存储的内容作为输入。

（5）交互界面输入：可使用程序搭建图形化界面，通过图形界面与用户交互，并接收用户输入的数据。

（6）网络输入：在程序中可通过特定接口从网络中获取数据，将网络数据作为程序的输入。从网络获取数据时需要遵循一定的协议，对获取到的数据需要进行解析。

2. 处理

处理是程序的核心，它蕴含程序的主要逻辑。程序中实现处理功能的方法也被称为"算法"（Algorithm），算法是程序的"灵魂"。实现一个功能的算法有很多，但不同的算法性能有高有低，选择优秀的算法是提高程序运行效率的重要途径之一。

3. 输出

输出是程序对数据处理结果的展示与反馈，程序的输出方式分为以下几种。

（1）控制台输出：在程序中使用输出语句将数据输出到计算机屏幕，通过命令提示符窗口输出结果。

（2）系统内部变量输出：系统中存在着一些预先定义的内部变量，如管道、线程、信号等，将程序运行过程中产生的数据保存到系统内部变量，以访问系统内部变量的方式输出数据。

（3）文件输出：将程序运行时产生的数据以覆盖或追加的方式写入已存在的文件，或生成新文件保存数据。

（4）图形输出：程序运行后启动独立的图形输出窗口，并在该窗口中绘制数据处理结果。

（5）网络输出：以访问网络接口的方式输出数据。

程序应有 0 个或多个输入，有至少 1 个输出，但也存在一些只有"处理"这个部分的程序，具体示例如下：

```python
while True:
    print(1)
```

以上示例代码是一个会无限循环执行的特殊程序，也称死循环。这种不间断执行的程序会快速消耗 CPU 资源，从处理问题的角度讲，这种程序的意义不大，这种程序一般只用来辅助测试 CPU 或系统的性能。

IPO 不仅是编写程序的基本方法，也是在设计程序时描述问题的方法。以计算圆面积的问题为例，使用 IPO 对该问题进行描述，具体如下。

● 输入：获取圆的半径 r。

● 处理：根据圆面积计算公式 $S=\pi r^2$（π 取 3.14），计算圆的面积 S。

● 输出：输出求得的面积 S。

综上所述，IPO 方法是基本的程序设计方法，它可以帮助初学程序设计的读者理解程序设计的过程，进而掌握设计程序的基本概念。

1.5   实例：温度转换

在日常生活中，我们通常使用摄氏度表示温度，单位为°C。然而在有些国家或场景中，人们可能会使用其他单位表示温度，比如热力学温度，单位为 K（中文名称：开尔文，简称开）。当遇到带有不同单位的温度时，我们应该根据它们的规则相互转换。下面将结合 1.4 节介绍的程序编写方法，分 6 个阶段编写解决"摄氏度与开尔文相互转换"这一问题的程序。

（1）分析问题。对"摄氏度与开尔文相互转换"这一问题进行分析，得出"摄氏度转换为开尔文"和"开尔文转换为摄氏度"都是程序应解决的问题。

（2）划分边界。程序可接收摄氏度数值或开尔文数值，并将其转换为另一种数值输出，此问题的 IPO 描述如下。

- 输入：输入由 C 标识的摄氏度数值，或由 K 标识的开尔文数值。
- 处理：根据标识选择合适的规则对温度数值进行转换。
- 输出：将转换后的温度数值输出。

（3）设计程序。由于此问题比较简单，在划分边界时程序流程已经很明确，即"输入温度—温度转换—温度输出"，此处着重考虑如何实现温度转换。温度转换的算法具体如下：

- 开尔文=摄氏度+273.15;
- 摄氏度=开尔文−273.15。

（4）编写程序。根据以上分析和设计，使用 Python 语言编写程序，具体代码如下：

```
1   temp_value = input("请依次输入温度数值与标识 (C/K): ")
2   if temp_value[-1] == 'C':
3       kelvin = int(temp_value[:-1]) + 273.15
4       print("转换为开尔文，结果为%.2f" % kelvin)
5   elif temp_value[-1] == 'K':
6       centi = int(temp_value[:-1]) − 273.15
7       print("转换为摄氏度，结果为%.2f" % centi)
8   else:
9       print("输入有误")
```

上述代码中，第 1 行代码用于接收用户从键盘输入的内容。第 2~9 行代码分 3 种情况处理用户输入的内容，其中第 2~4 行代码用于处理输入的温度为摄氏度的情况，根据公式将摄氏度转换为开尔文并输出；第 5~7 行代码用于处理输入的温度为开尔文的情况，根据公式将开尔文转换为摄氏度并输出；第 8~9 行代码用于处理输入错误的情况并给予提示。

值得一提的是，此处只需要大家知道程序的作用即可，关于程序代码的详细介绍会在后续章节介绍。

（5）测试与调试。执行上述程序，根据用户输入的不同内容，程序的执行结果分别如下。

① 输入温度数值 10 与标识 C，结果如下：

```
请依次输入温度数值与标识(C/K): 10C
转换为开尔文，结果为 283.15
```

② 输入温度数值 10 与标识 K，结果如下：

```
请依次输入温度数值与标识(C/K): 10K
转换为摄氏度，结果为−263.15
```

③ 仅输入温度数值，结果如下：

```
请依次输入温度数值与标识(C/K)：10
输入有误
```

上述程序实现了摄氏度与开尔文相互转换的功能。当然，此处设计的程序比较简单，因此测试过程也非常简单，且不涉及调试。实际开发中一次编写出正确、完善的程序是非常困难的，测试与调试阶段不可忽略，甚至可能会花费比开发更多的时间与精力。

（6）升级与维护。随着平台的更换、使用方法的变更、功能的完善，程序需要被升级。为保证程序的稳定与可持续使用，程序需要被日常维护。就此处实现的程序而言，程序开发人员应保证程序总能保证摄氏度与开尔文的正确转换，同时将更多带有不同单位温度的转换、更友好的用户界面等作为程序改善、升级的方向。

1.6 本章小结

本章首先介绍了 Python 语言，包括该语言的特点以及应用领域，然后介绍了在 Windows 系统中配置 Python 开发环境、运行 Python 程序的方法，以及集成开发环境 PyCharm 的安装与使用方法，最后简单介绍了程序开发流程与编写方法。通过本章的学习，读者能够对 Python 语言有所了解，能够熟练配置 Python 开发环境以及运行 Python 程序，并熟悉程序开发流程与编写程序的基本方法。

1.7 习题

1. 使用交互式和文件式两种方式运行下面的程序。

程序 1：计算 1~*n* 的和。

```
n = int(input("请输入一个正整数："))
sum_n = 0
for i in range(1, n+1):
    sum_n += i
print("1~%d 的和为%d" % (n, sum_n))
```

程序 2：输出九九乘法表。

```
for i in range(1, 10):
    for j in range(1, i + 1):
        print("%d×%d=%-2d " % (j, i, i * j), end='')
    print('')
```

程序 3： 有 5 个人坐在一起，问第 5 个人多少岁，他说比第 4 个人大两岁；问第 4 个人多少岁，他说比第 3 个人大两岁；问第 3 个人多少岁，他说比第 2 个人大两岁；问第 2 个人多少岁，他说比第 1 个人大两岁；最后问第 1 个人多少岁，他说他 10 岁。请问第 5 个人多少岁？

```
def age(n):
    if n == 1:
        c = 10
    else:
        c = age(n - 1) + 2
    return c
```

```
print(age(5))
```

2. 请简述程序开发的基本流程。

3. 请简述程序编写的基本方法。

第2章
Python基础语法

"九层之台，起于累土。"如果要开发 Python 程序，那么需要提前掌握 Python 语言的基础语法。本章将针对 Python 的代码风格、标识符、关键字、变量、数据类型、数字运算、基本输入和输出这些基础语法进行详细的讲解。

2.1 代码风格

编写 Python 代码时，采用良好的代码风格是十分有必要的，这不仅能够提升代码的可读性，还能够提高开发人员相互协作的效率。为此 Python 官网推出了 PEP 8 规范文档，旨在指导开发人员编写易读、易维护的代码。本节将从注释、缩进和语句换行这 3 方面对 Python 语言的代码风格进行讲解。

2.1.1 注释

注释是代码中穿插的辅助性文字，用于标识代码的作者、创建时间、含义或功能等信息，以提高代码的可读性。注释会被 Python 解释器自动忽略，并不会被执行。Python 中的注释分为单行注释和多行注释，下面分别介绍这两种注释的格式和功能。

1. 单行注释

单行注释以 "#" 开头，"#" 后面的内容用于说明当前行或当前行之后代码的功能，"#" 与内容之间有一个空格。单行注释既可以单独占一行，也可以放在要说明的代码右侧，与代码位于同一行。若单行注释与代码位于同一行，则 "#" 与代码之间建议至少保留两个空格。示例如下：

```
# 我是注释
print("志当存高远")  # 我也是注释
```

2. 多行注释

多行注释使用三对单引号或三对双引号包裹被注释的内容，示例如下：

```
'''
博学之
审问之
慎思之
明辨之
笃行之
'''

"""
勤能补拙是良训
一分辛苦一分才
"""
```

从上述代码可以看出，三对单引号或双引号中间包含多行内容。值得一提的是，多行注释有着固定的使用场景，通常用于为 Python 文件、模块、类或者函数等添加版权或者功能描述信息。

每个人都肩负有一定的社会责任。作为一名合格的程序员，可以利用注释编写更易读、易理解和符合规范的代码，从而提高代码质量和可靠性。

脚下留心：注释的注意事项

① 多行注释不允许嵌套使用，即三对单引号包裹的内容中不允许再次出现三对单引号，三对双引号包裹的内容中不允许再次出现三对双引号，错误示例如下：

```
'''
少壮不努力
    '''
    老大徒伤悲
    '''
'''
```

② 当 "#"、单引号、双引号这几个符号作为字符串的一部分时，便不能再将它们视为注释标记，而应该将其视为正常代码的一部分，示例如下：

```
print("#是单行注释的开始标记")
```

2.1.2 缩进

与 C 语言或 Java 语言不同，Python 并不使用大括号这样的符号明确标识代码块（逻辑关联的多行连续代码）的开始和结束，而是使用缩进控制代码的逻辑关系和层次结构。缩进指的是代码行前面的空白区域，用于指明代码行属于哪个代码块。Python 中使用 Tab 键或者空格键控制缩进，但不允许 Tab 键和空格键混合使用。其中使用空格键是推荐的控制缩进方法，一般情况下使用 4 个空格表示一个缩进。同一级别的代码块具有相同的缩进。缩进关系示意如图 2-1 所示。

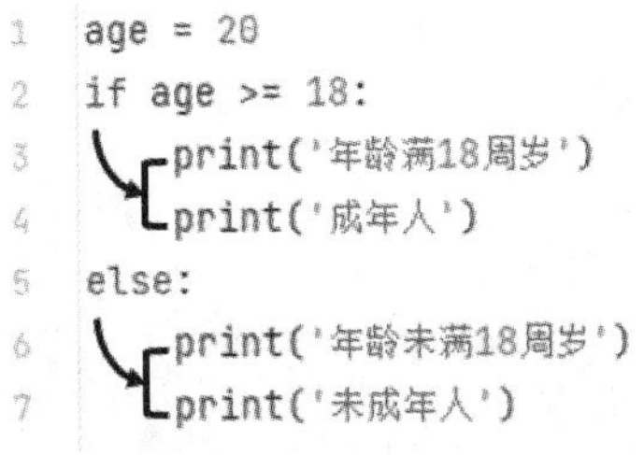

```
1  age = 20
2  if age >= 18:
3      print('年龄满18周岁')
4      print('成年人')
5  else:
6      print('年龄未满18周岁')
7      print('未成年人')
```

图2-1 缩进关系示意

在图 2-1 中，第 2~4 行是一个代码块，第 5~7 行是一个代码块，其中第 2 行和第 5 行代码是顶行的，它们属于同一级别；第 3~4 行代码前面有 4 个空格，它们从属于第 2 行代码；第 6~7 行代码前面有 4 个空格，它们从属于第 5 行代码。

并非所有的 Python 代码都可以缩进，一般来说，分支结构、循环结构、函数、类等语法形式可以通过缩进体现代码的逻辑关系和层次结构，其他形式的代码是不允许缩进的，需要顶行编写。

Python 对代码的缩进有着严格的规定，缩进的改变会导致代码语义的改变。读者在编写 Python 程序时，要保持严谨、认真的态度，避免出现无意义的缩进。

2.1.3 语句换行

Python 官方建议一行代码的长度不要超过 79 个字符，若一行代码过长则需要进行换行显示，这样做不仅可以增强代码的可读性，还可以避免代码过长导致的排版问题。语句换行主要有两种实现方式，一种方式是在代码所在行的末尾加上符号 "\"，另一种方式是使用小括号包裹代码。

使用符号 "\" 进行语句换行时，"\" 位于一行代码的末尾，连接下面一行的代码，构成一条完整的语句。示例如下：

```
side_01 = 3; side_02 = 4; side_03 = 5
# 使用符号"\"进行语句换行
result = side_01 + side_02 > side_03 or \
         side_02 + side_03 > side_01 or \
         side_01 + side_03 > side_02
```

使用小括号进行语句换行时，应将涵盖完整语义的代码全部放到小括号中，此时小括号包裹的代码会被解释器视为一条完整的语句，可以跨越多行显示，无须在每行末尾使用其他符号连接。示例如下：

```
side_01 = 3; side_02 = 4; side_03 = 5
# 使用小括号进行语句换行
result = (side_01 + side_02 > side_03 or
          side_02 + side_03 > side_01 or
          side_01 + side_03 > side_02)
```

需要注意的是，如果代码中有小括号、中括号或大括号包裹的内容，那么在对这些内容进行换行显示时可以直接换行，不需要使用符号"\"或者小括号，这是因为 Python 默认会将小括号、中括号或大括号包裹的多行内容自动进行隐式连接。示例如下：

```
# 小括号包裹的内容进行换行显示
demo_one = ('one', 'two', 'three', 'four', 'five',
            'six', 'seven', 'eight', 'nine', 'ten')
# 中括号包裹的内容进行换行显示
demo_two = ['one', 'two', 'three', 'four', 'five',
            'six', 'seven', 'eight', 'nine', 'ten']
# 大括号包裹的内容进行换行显示
demo_thr = {'one': '壹', 'two': '贰', 'three': '叁', 'four': '肆',
            'five': '伍', 'six': '陆', 'seven': '柒', 'eight': '捌',
            'nine': '玖', 'ten': '拾'}
```

2.2　标识符和关键字

2.2.1　标识符

在现实生活中，人们为了方便沟通与交流，会用不同的名称标识不同的事物。例如，人们使用橘子、苹果、柠檬等名称标识不同的水果。同理，为了明确某处代码使用的到底是哪个数据、指代的是哪类信息，开发人员可以用一些名称对程序中的数据进行标识，这些名称其实就是标识符。后续章节提到的变量名、函数名、类名、模块名等都属于标识符。

无规矩不成方圆。Python 中的标识符在命名时，需要遵守一定的命名规则，具体如下。

① Python 中的标识符由字母、数字或下画线组成，且不能以数字开头。

② Python 中的标识符区分大小写。例如，andy 和 Andy 是不同的标识符。

③ Python 不允许开发人员使用关键字作为标识符。关键字会在 2.2.2 节介绍。

下面列举一些合法的标识符，具体如下：

```
student                    # 全部是小写字母
LEVEL                      # 全部是大写字母
Flower                     # 大写字母、小写字母混合
Flower123                  # 大写字母、小写字母、数字混合
Flower_123                 # 大写字母、小写字母、数字、下画线混合
```

下面列举一些不合法的标识符，具体如下：

```
from#12                    # 标识符不能包含#符号
2ndObj                     # 标识符不能以数字开头
if                         # if 是关键字，不能作为标识符
```

除以上规则外，Python 对标识符的命名还有以下两点建议。

（1）见名知意

标识符应有意义，尽量做到看一眼便知道标识符的含义。例如使用 name 标识姓名，使用 student 标识学生。

（2）命名格式

- 变量名使用小写的单个单词或由下画线连接的多个单词，如 name、native_place。
- 常量名使用大写的单个单词或由下画线连接的多个单词，如 ORDER_LIST_LIMIT、

GAME_LEVEL。

● 模块名、函数名使用小写的单个单词或由下画线连接的多个单词，如 low_with_ under、generate_random_numbers。

● 类名使用以大写字母开头的单个或多个单词，如 Cat、CapWorld。

2.2.2　关键字

关键字又称保留字，它是 Python 语言预先定义好、具有特定含义的标识符，用于记录特殊值或标识程序结构。Python 中一共有 35 个关键字，具体如表 2-1 所示。

表 2-1　Python 关键字

False	await	else	import	pass
None	break	except	in	raise
True	class	finally	is	return
and	continue	for	lambda	try
as	def	from	nonlocal	while
assert	del	global	not	with
async	elif	if	or	yield

表 2-1 中，每个关键字都有不同的作用，通过"help("关键字")"可查看关键字的说明。例如，查看关键字 pass 的说明，示例代码如下：

```
help("pass")
```

运行代码，结果如下所示：

```
1  The "pass" statement
2  ********************
3
4    pass_stmt ::= "pass"
5
6  "pass" is a null operation — when it is executed, nothing happens. It
7  is useful as a placeholder when a statement is required syntactically,
8  but no code needs to be executed, for example:
9
10   def f(arg): pass  # a function that does nothing (yet)
11
12   class C: pass     # a class with no methods (yet)
```

从上述结果可以看出，第 6~8 行说明了关键字 pass 的作用，第 10、12 行分别给出了两个使用关键字 pass 的例子。

2.3　变量

程序运行期间可能会用到一些临时数据，程序会将这些数据保存在计算机的内存单元中，为了区分这些保存了数据的内存单元，对每个内存单元用唯一的标识符进行标识。这些内存单元称为变量，标识内存单元的标识符称为变量名，内存单元里面保存的数据称为变量的值。

Python 语言中，变量的定义方式非常简单，直接使用 "=" 将右边的值赋给左边的变量名即可。定义变量的语法格式如下：

```
变量名 = 值
```

在上述格式中，变量名是一种标识符，它需要遵守标识符的命名规则；值可以是多种形式的，既可以是简单的数字，也可以是数字与运算符组成的表达式，还可以是其他的变量名等。

注意，变量在被定义时无须显式声明数据类型，Python 解释器在运行时会根据值自动推导出变量保存的数据类型。

定义变量的示例如下：

```
a = 5                        # 将数字 5 赋给变量 a
b = 3 + 5                    # 将表达式 3+5 的运算结果 8 赋给变量 b
c = a                        # 将变量 a 的值赋给变量 c
```

数字类型和运算符分别会在 2.4 和 2.5 节进行详细介绍，此处大家只需要简单了解即可。

变量的值并非一成不变，它可以被任意修改，并可以修改为任意类型的值。变量的值一旦被修改，会直接将修改后的值覆盖原来的值，并且仅保存最后一次修改的值。例如，将变量 c 的值进行修改，具体代码如下：

```
c = 10                       # 将变量 c 的值修改为 10
c = 11                       # 将变量 c 的值再次修改为 11
```

上述代码中，首先将变量 c 的值修改为 10，然后将变量的值再次修改为 11，经过两次修改操作后，此时变量 c 的值由最初的 5 变成 11。

此外，在 Python 中也可以同时连续为多个变量赋同一个值，语法格式如下：

```
变量名 1 = 变量名 2 = ... = 值
```

上述格式中，变量名和等号可以重复添加，不限制次数。例如，同时给变量 a、b、c、d 赋同一个值，具体代码如下：

```
a = b = c = d = 20
```

上述代码等价于：

```
d = 20
c = d
b = c
a = b
```

在 Python 中还可以连续为多个变量赋不同的值，语法格式如下：

```
变量名 1，变量名 2, ... = 值 1，值 2, ...
```

上述格式中，变量名和值的数量必须相同，否则运行会出现错误。例如，同时给变量 a、b、c、d 赋不同的值，具体代码如下：

```
a, b, c, d = 0, 1, 2, 3
```

上述代码等价于：

```
a = 0
b = 1
c = 2
d = 3
```

由此可见，同时给多个变量赋值的语句可在一定程度上减少代码量，使程序的赋值过程更加简洁，但需要注意的是，等号右侧的值不能出现未赋值的变量，例如：

```
a, b, c, d = 0, 1, 2, e
```

上述代码中，变量 e 在以上语句被执行之前尚未被赋值，因此运行会出现以下错误：

```
NameError: name 'e' is not defined
```

变量定义完成后，可以通过变量名访问变量的值。例如，访问变量 a 的值，具体代码如下：

```
print(a)
```

运行代码，结果如下所示：

```
0
```

从上述结果可以看出，控制台显示的结果是 0，说明成功访问了变量 a 的值。

需要说明的是，上述代码中的 print()是一个函数，该函数的功能是将括号里面的内容输出到控制台，此处大家只需要知道 print()的基本用法即可，后续会在 2.6 节进行详细介绍。

多学一招：常量

常量是指程序运行过程中值不变的量，比如圆周率就是一个常量。Python 中其实并没有严格意义上的常量，它没有语法规则来限制开发人员改变一个常量的值。为此，Python 约定把程序运行过程中不会改变的变量称为常量，常量通常放在程序的开头位置，用大写的单个单词或由下画线连接的多个单词表示常量名。

例如，分别定义表示 π 和圆半径的常量，代码如下：

```
PI = 3.1415926
CIRCLE_R = 10
```

2.4　数据类型

2.4.1　数据类型分类

计算机能够处理各种各样的数据，包括数字、文本等，这些数据有着各自的特点，属于不同的数据类型。为了有效地组织各种各样的数据，Python 语言提供了丰富的数据类型，基础数据类型主要有两类，分别是数字类型、组合数据类型，具体如图 2-2 所示。

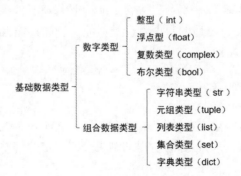

图2-2　Python的基础数据类型

图 2-2 中，数字类型有整型（int）、浮点型（float）、复数类型（complex）和布尔类型（bool），本节会重点介绍这些类型，并简单介绍一些组合数据类型，后续章节中会有更加详细的讲解。

1. 整型

整型用于表示整数，比如 100、–100 等。Python 中整数的长度没有限制，只要计算机的内存足够大，用户就无须考虑内存溢出问题。

整数常用的计数方式有 4 种，分别是二进制（以 "0B" 或 "0b" 开头）、八进制（以数字 "0o" 或 "0O" 开头）、十进制和十六进制（以 "0x" 或 "0X" 开头），默认使用的计数方式是十进制。接下来，分别以 4 种计数方式表示整数 5，示例如下：

```
5                                                    # 十进制
0b101                                                # 二进制
0o5                                                  # 八进制
0x5                                                  # 十六进制
```

2. 浮点型

浮点型用于表示实数，比如 1.23、3.1415926 等。Python 中浮点数一般由整数和小数部分组成，整数和小数部分都可以是 0，示例如下：

```
1.23, 10.0, 36.5, 0.0
```

此外浮点数还可以使用科学记数法表示，在编程语言中通常使用 e 或 E 表示以 10 为底的指数，数学表示为 $aE/e+n$（等价于 $a \times 10^n$）。其中，a 的取值范围是 $1 \leqslant |a| < 10$，e 后面的指数 n 必须是整数，示例如下：

```
-3.14e2, 3.14e-3                # 合法的浮点数
314e, e2, 3.14e-1.5             # 非法的浮点数
```

Python 中的浮点数是双精度的，每个浮点数占 8 个字节（即 64 位），且遵守 IEEE（Institute of Electrical and Electronics Engineers，电气与电子工程师协会）标准，其中 52 位用于存储尾数，11 位用于存储指数，剩余 1 位用于存储符号。Python 中浮点数的取值范围为 –1.8e308～1.8e308，若超出这个范围，Python 会将值视为无穷大（inf）或无穷小（–inf）。例如，输出两个超过取值范围的浮点数，具体如下：

```
print(3.14e500)
print(-3.14e500)
```

运行代码，结果如下所示：

```
inf
-inf
```

Python 中的浮点数具有 17 位数字的精度，但是计算机只能保证 15 个数字的精度。一旦浮点数的位数超过了 15，之后的数据就会被截断。例如，输出一个精度超过 17 位的浮点数，具体如下：

```
print(3.12347698902871978504)        # 浮点数的精度超过 17 位
```

运行代码，结果如下所示：

```
3.12347698902872
```

从上述结果可以看出，浮点数被截断后变成了 3.12347698902872。因为会产生截断，所以超过 15 位的浮点数在参与运算时所得的结果会有一定的偏差，它们无法进行高精度的数学运算。

3. 复数类型

复数类型用于表示复数，复数的一般形式为 real+imagj，或者 real+imagJ，其中 real 是实部，表示复数的实数部分；imag 是虚部，表示复数的虚数部分；j 或 J 是虚数单位。注意，实部可以省略，虚部后面必须有虚数单位，虚数单位不能单独存在。

例如，创建一个实部是 3 虚部是 2 的复数，具体代码如下：

```
a = 3 + 2j
print(a)
```

运行代码，结果如下所示：

```
(3+2j)
```

此外，还可以通过 complex()函数创建复数，该函数的使用方式为 complex(实部,虚部)，我们需要根据需求传入实部和虚部。若是没有传入虚部，则虚部默认为0。示例如下：

```
a = complex(3, 2)     # 创建复数，分别传入实部和虚部
print(a)
b = complex(5)        # 创建复数，只传入实部
print(b)
```

运行代码，结果如下所示：

```
(3+2j)
(5+0j)
```

通过 real 和 imag 可以单独获取复数的实部和虚部，具体格式为"复数.real"和"复数.imag"。例如，分别获取复数 a 的实部和虚部，具体代码如下：

```
print(a.real)         # 获取复数的实部
print(a.imag)         # 获取复数的虚部
```

运行代码，结果如下所示：

```
3.0
2.0
```

4. 布尔类型

布尔类型用于表示逻辑判断的真或假，真对应的取值是 True，假对应的取值是 False，常见于控制程序的执行流程的场景。在 Python 中，对任何数据都可以进行逻辑判断，对下面的数据进行逻辑判断后得到的布尔值都是 False：

- None；
- 任何为 0 的数字，如 0、0.0、0j；
- 任何空的组合数据，如空字符串、空元组、空列表、空字典。

上述数据中，None 是一个特殊的常量，表示空值，也就是说没有值。除了上述数据，其他数据的布尔值都是 True，可以使用 bool()函数查看布尔值，示例如下：

```
print(bool(''))       # 查看空字符串''的布尔值
print(bool(10))       # 查看整数 10 的布尔值
print(bool(0.0))      # 查看浮点数 0.0 的布尔值
```

运行代码，结果如下所示：

```
False
True
False
```

从上述代码可以看出，空字符串对应的布尔值是 False；10 对应的布尔值是 True；0.0 对应的布尔值是 False。

5. 字符串类型

字符串是由一系列字符组成的序列，包括字母、数字、标点符号等。在 Python 中一般使用单引号、双引号创建字符串，示例如下：

```
'Failure is the mother of success'          # 这是一个字符串
"Failure is the mother of success"          # 这也是一个字符串
```

6. 元组类型

元组可以保存任意数量、任意类型的元素，但这些元素不可以被修改。在 Python 中一般使用小括号创建元组，元组中的元素以英文逗号分隔，示例如下：

```
(1, 4.5, 'python')                    # 这是一个元组
```

7. 列表类型

列表可以保存任意数量、任意类型的元素，且这些元素可以被修改。在 Python 中一般使用中括号创建列表，列表中的元素以英文逗号分隔，示例如下：

```
[1, 4.5, 'python']                    # 这是一个列表
```

8. 集合类型

集合可以保存任意数量、任意类型的元素，但这些元素是无序且唯一的。在 Python 中一般使用大括号创建集合，示例如下：

```
{'apple', 'orange', 1}          # 这是一个集合
```

9. 字典类型

字典可以保存任意数量的元素，元素是 "Key:Value" 形式的键值对，Key 不能重复。在 Python 中一般使用大括号创建字典，字典中的键值对以英文逗号分隔，示例如下：

```
{'名称':'第二十四届冬季奥运会', '举办城市':'中国北京',
 '举办时间':'2022 年 2 月 4 日'}          # 这是一个字典
```

2.4.2　查看数据类型

Python 语言属于动态类型的语言，它在声明变量时无须显式地指定具体的数据类型，而是在解释器执行时会自动确定数据类型。若要知道变量保存的数据具体是什么数据类型的，则可以通过 type() 函数进行查看，示例如下：

```
empty_str = ''
print(type(empty_str))
```

运行代码，结果如下所示：

```
<class 'str'>
```

从上述结果可以看出，变量 empty_str 保存的数据的类型是 str，也就是字符串类型。

2.4.3　数字类型转换

在实际生活中，商店老板为了提高老顾客的回购率，会在结账的时候抹掉小数点后面的金额，这种行为与编程中的数字类型转换有相通之处，即将浮点数转换成整数。Python 内置了一系列可以实现数据类型之间强制转换的函数，保证用户在有需求的情况下，将目标数据转换为指定的类型。对数字类型进行转换的函数有 int()、float()、complex()、bool()，关于这些函数的介绍如表 2-2 所示。

表 2-2　对数字类型进行转换的函数

函数	功能说明
int()	将浮点数、布尔值，或者符合数字类型规范的字符串转换为整数
float()	将整数，或者符合数字类型规范的字符串转换为浮点数
complex()	将其他数字类型的数据，或者符合数字类型规范的字符串转换为复数
bool()	将任意类型的数据转换为布尔值

使用 int()函数将浮点数转换为整数时，浮点数的小数部分会发生截断，而非四舍五入；使用 int()函数将布尔值转换为整数时，会将 True 转换成 1，将 False 转换成 0。

下面来看一些数字类型数据转换的例子，并通过 type()函数验证数字类型数据是否转换成功，示例如下：

```
1  a = 21.8              # a 的值是浮点数
2  print(type(a))
3  a = int(a)            # 通过 int()函数将 a 的值转换成整数
4  print(a)
5  print(type(a))
6  b = True              # b 的值是布尔值
7  print(type(b))
8  b = int(b)            # 通过 int()函数将 b 的值转换成整数
9  print(b)
10 print(type(b))
11 c = float(a)          # 通过 float()函数将 a 的值转换成浮点数
12 print(c)
13 print(type(c))
14 d = complex(a)        # 通过 complex()函数将 a 的值转换成复数
15 print(d)
16 print(type(d))
```

上述代码中，第 1~2 行代码定义了变量 a，a 的值是浮点数，调用 type()函数查看变量 a 的类型；第 3~5 行代码通过 int()函数将 a 的值转换成整数后赋值给变量 a，调用 print()函数输出变量 a 的值，再次调用 type()函数查看变量 a 的类型。

第 6~10 行代码定义了变量 b，b 的值是布尔值，然后通过 int()函数将 b 的值转换成整数后赋值给变量 b，分别查看变量 b 的值转换前和转换后的类型；第 11~13 行代码通过 float()函数将 a 的值转换成浮点数，之后赋值给变量 c，查看变量 c 的值及其类型；第 14~16 行代码通过 complex()函数将 a 的值转换成复数，之后赋值给变量 d，查看变量 d 的值及其类型。

运行代码，结果如下所示：

```
<class 'float'>
21
<class 'int'>
<class 'bool'>
1
<class 'int'>
21.0
<class 'float'>
(21+0j)
<class 'complex'>
```

2.5　数字运算

2.5.1　运算符

运算符是一种特殊符号，用于告诉解释器对一个或多个操作数执行算术运算、赋值、比较、逻辑判断、成员检测等操作，并返回操作后的结果。注意，此处的操作数可以是具体的数值，也可以是复杂的表达式。Python 提供了丰富的运算符，这些运算符按照功能的不同，被划分为以下类型：算术运算符、赋值运算符、比较运算符、逻辑运算符、成员运算符、身份运算符。下面逐一对其进行介绍。

1. 算术运算符

算术运算符是比较简单的运算符，用于对两个操作数进行简单的数学运算，包括加、减、乘、除等，并返回运算后的结果。下面以 a = 2、b = 8 为例，介绍算术运算符的功能及示例，具体如表 2-3 所示。

表 2-3　算术运算符

运算符	功能说明	示例
+	使两个操作数相加，获取它们的和	a + b，结果为 10
−	使两个操作数相减，获取它们的差	a − b，结果为 -6
*	使两个操作数相乘，获取它们的积	a * b，结果为 16
/	使两个操作数相除，获取它们的商	a / b，结果为 0.25
//	使两个操作数相除，获取商的整数部分	a // b，结果为 0
%	使两个操作数相除，获取它们的余数	a % b，结果为 2
**	使两个操作数进行幂运算，获取 a 的 b 次幂	a ** b，结果为 256

算术运算符既支持对相同类型的操作数进行运算，也支持对不同类型的操作数进行混合运算。在混合运算时，Python 会强制将操作数的值进行转换，转换遵循如下原则：

（1）对布尔值进行算术运算时，将 False 和 True 视为数值 0 和 1；

（2）对整数与浮点数进行混合运算时，将整数转换为浮点数；

（3）对其他数字类型数据与复数进行运算时，将其他类型转换为复数类型。

简单来说，对类型相对简单的数据与类型相对复杂的数据进行运算时，所得的结果为更复杂的类型的数据，示例如下：

```
print(10 + True)      # 整数与布尔值相加，布尔值会转换为 1
print(10 / 2.0)       # 整数与浮点数相除，整数会转换为浮点数 10.0
print(10 - (3+5j))    # 整数与复数相减，整数会转换为复数 10+0j
```

运行代码，结果如下所示：

```
11
5.0
(7-5j)
```

需要注意的是，当使用运算符"/"对两个整数进行运算时，最终得到的结果是浮点数，示例代码如下：

```
print(10 / 2)
```

运行代码，结果如下所示：

```
5.0
```

2. 赋值运算符

赋值运算符的作用是将运算符右侧的操作数赋值给左侧的变量。若右侧的操作数是一个表达式，则需要先执行表达式，再将表达式执行后的结果赋值给左侧的变量。下面以 a = 2、b = 8 为例，介绍赋值运算符的功能及示例，具体如表 2-4 所示。

表 2-4　赋值运算符

运算符	功能说明	示例
=	将右侧操作数赋给左侧的变量	a = b，a 为 8
+=	将左侧变量的值与右侧操作数的和赋给左侧变量	a += b，a 为 10
−=	将左侧变量的值与右侧操作数的差赋给左侧变量	a −= b，a 为−6
*=	将左侧变量的值与右侧操作数的积赋给左侧变量	a *= b，a 为 16
/=	将左侧变量的值与右侧操作数的商赋给左侧变量	a /= b，a 为 0.25
//=	将左侧变量的值与右侧操作数的商的整数部分赋给左侧变量	a //= b，a 为 0
%=	将左侧变量的值与右侧操作数的商的余数赋给左侧变量	a %= b，a 为 2
**=	将左侧变量值的右侧操作数次方的结果赋给左侧变量	a **= b，a 为 256

表 2-4 中，除第一个运算符之外，其他运算符都是算术运算符与 "=" 组合而成的，它们的功能是先进行算术运算再进行赋值。例如，a+=b 等价于 a=a+b，相当于使用 "+" 运算符先计算 a 与 b 的和，再使用 "=" 运算符将所得的和赋值给变量 a。

3.　比较运算符

比较运算符的作用是比较运算符两边的操作数，以判断两个操作数的大小或相等关系，并返回判断的结果，判断的结果只能是 True 或 False。下面以 a = 2、b = 8 为例，介绍比较运算符的功能及示例，具体如表 2-5 所示。

表 2-5　比较运算符

运算符	功能说明	示例
==	比较左右两侧的操作数，若两者相等则为 True，否则为 False	a == b 不成立，结果为 False
!=	比较左右两侧的操作数，若两者不相等则为 True，否则为 False	a != b 成立，结果为 True
>	比较左右两侧的操作数，若左侧操作数大于右侧操作数则为 True，否则为 False	a > b 不成立，结果为 False
<	比较左右两侧的操作数，若左侧操作数小于右侧操作数则为 True，否则为 False	a < b 成立，结果为 True
>=	比较左右两侧的操作数，若左侧操作数大于或等于右侧操作数则为 True，否则为 False	a >= b 不成立，结果为 False
<=	比较左右两侧的操作数，若左侧操作数小于或等于右侧操作数则为 True，否则为 False	a <= b 成立，结果为 True

4.　逻辑运算符

在学习高中数学时，我们应该学过逻辑运算。例如 p 为真命题，q 为假命题，那么 "p 或 q" 为真，"p 且 q" 为假，"非 q" 为真。在 Python 中也可以实现逻辑运算，并针对每种逻辑运算提供了相应的运算符：or、and 和 not。其中 or 运算符用于实现逻辑或运算，等价于数学中的 "或"；and 运算符用于实现逻辑与运算，等价于数学中的 "且"；not 运算符用于实现逻辑非运算，等价于数学中的 "非"。下面分别对这些逻辑运算符进行介绍。

当使用 or 运算符连接两个操作数时，若左侧操作数的布尔值为 True，则返回左侧操作数，否则返回右侧操作数。注意，如果操作数是一个表达式，则会返回表达式执行后的结果，示例如下：

```
1 result1 = 2 + 3 or None      # 左侧操作数是一个表达式
```

```
2  print(result1)
3  result2 = 0 or 3 + 5              # 右侧操作数是一个表达式
4  print(result2)
```

上述代码中，第 1 行代码通过 or 运算符对表达式 2＋3 与 None 进行逻辑或运算，由于表达式 2＋3 执行的结果是 5，5 的布尔值是 True，无须再计算 or 运算符右侧操作数的布尔值，所以返回的结果是 5，并将 5 赋值给变量 result1。

第 3 行代码通过 or 运算符对 0 与表达式 3＋5 进行逻辑或运算，由于 0 的布尔值是 False，需要继续执行表达式 3＋5，结果是 8，所以返回的结果是 8，并将 8 赋值给变量 result2。

运行代码，结果如下所示：

```
5
8
```

当使用 and 运算符连接两个操作数时，若左侧操作数的布尔值为 False，则返回左侧操作数，否则返回右侧操作数。注意，如果操作数是一个表达式，则会返回表达式执行后的结果，示例如下：

```
1  result1 = 3 - 3 and 5           # 左侧操作数的布尔值为 False
2  print(result1)
3  result2 = 5 and 3 - 3           # 右侧操作数的布尔值为 False
4  print(result2)
5  result3 = 3 - 8 and 5           # 左侧和右侧操作数的布尔值都为 True
6  print(result3)
7  result4 = 0 and 0.0             # 左侧和右侧操作数的布尔值都为 False
8  print(result4)
```

上述代码中，第 1 行代码通过 and 运算符对表达式 3－3 与 5 进行逻辑与运算，由于表达式 3－3 执行的结果是 0，0 的布尔值是 False，所以返回的结果是 0，并将 0 赋值给变量 result1。

第 3 行代码通过 and 运算符对 5 与表达式 3－3 进行逻辑与运算，由于 5 的布尔值是 True，表达式 3－3 的执行结果为 0，所以返回的结果是 0，并将 0 赋值给变量 result2。

第 5 行代码通过 and 运算符对表达式 3－8 与 5 进行逻辑与运算，由于表达式 3－8 的执行结果是－5，－5 的布尔值是 True，所以返回的结果是 5，并将 5 赋值给变量 result3。

第 7 行代码通过 and 运算符对 0 与 0.0 进行逻辑与运算，由于 0 的布尔值是 False，所以返回的结果是 0，并将 0 赋值给变量 result4。

运行代码，结果如下所示：

```
0
0
5
0
```

当使用 not 运算符对一个操作数进行逻辑非运算时，若操作数的布尔值为 False，则返回 True，否则返回 False，示例如下：

```
result1 = not 10 - 2
print(result1)
result2 = not False
print(result2)
```

运行代码，结果如下所示：

```
False
```

```
True
```

5. 成员运算符

成员运算符用于检测给定值是否在字符串、列表、元组、集合、字典中，并返回检测后的结果。Python 中提供了两个成员运算符，分别是 in 和 not in，它们的功能如下。

- in：如果给定值在字符串、列表等数据中，返回 True，否则返回 False。
- not in：如果给定值不在字符串、列表等数据中，返回 True，否则返回 False。

成员运算符的用法示例如下：

```
words = 'abcdefg'              # 定义一个变量，用于保存字符串
print('f' in words)           # 检测'f'是否在字符串中
print('c' not in words)       # 检测'c'是否在字符串中
```

运行代码，结果如下所示：

```
True
False
```

6. 身份运算符

Python 所有类型的数据都可以视为对象，每个对象都有类型、值和身份。其中，类型决定了对象是什么样的值；值代表对象表示的数据，比如 100、3.14 等；身份就是内存地址，它是每个对象的唯一标识，对象被创建以后身份不会再发生任何变化。

Python 中的身份运算符有 is 和 is not，用于检测两个对象的身份是否相同。身份运算符的功能如下。

- is：用于检测两个对象的身份是否相同，相同返回 True，否则返回 False。
- is not：用于检测两个对象的身份是否不同，不同返回 True，否则返回 False。

例如，变量 a 的值为 10，变量 b 的值为 10，通过 is 运算符检测它们两个的身份是否相同，另外再通过 id()函数进行验证，代码如下：

```
a = b = 10
print(a is b)                 # 检测 a 和 b 的身份是否相同
a_address = id(a)             # 获取 a 的身份
print(a_address)
b_address = id(b)             # 获取 b 的身份
print(b_address)
```

运行代码，结果如下所示：

```
True
140716190917704
140716190917704
```

从输出结果可以看出，a 和 b 的身份相同，都是 140716190917704。

2.5.2　运算符优先级

假设有一个表达式“2 + 3 * 4”，是先做加法运算，还是先做乘法运算呢？根据数学知识我们应当先做乘法运算，这就意味着乘法运算符的优先级要高于加法运算符。

Python 支持使用多个不同的运算符连接表达式，实现相对复杂的功能。为了避免含有多个运算符的表达式出现歧义，Python 为每种运算符都设定了优先级。Python 中各种运算符的优先级如表 2-6 所示。

表 2-6　运算符优先级

运算符	描述	结合性
=	赋值	自右至左
+=，-=，*=，/=，//=，%=，**=	算术运算并赋值	自左至右
or	逻辑或	自左至右
and	逻辑与	自左至右
not	逻辑非	自左至左
in，not in	成员检测	自左至右
is，is not	身份检测	自左至右
<，<=，>，>=，!=，==	比较运算符	自左至右
+，-	相加，减法	自左至右
*，/，%，//	乘法，除法，取余，整除	自左至右
**	幂	自右至左

表 2-6 中，运算符自上而下按照优先级从低到高的顺序排列。例如，表达式 "1+2*3" 中，"*" 的优先级高于 "+"，因此解释器在执行该表达式时，会先执行 "2*3"，得到的结果是 6，再将结果 6 与操作数 1 相加。示例如下：

```
result = 1 + 2 * 3
print(result)
```

运行代码，结果如下所示：

```
7
```

运算符的优先级决定了表达式中哪一部分表达式会先执行，但是开发人员可以用小括号来改变表达式的执行顺序，使小括号中的表达式优先执行。例如，表达式 "1+2*3" 中，如果希望先执行 "1+2"，则可以给 "1+2" 添加小括号，代码如下：

```
result = (1 + 2) * 3
print(result)
```

运行代码，结果如下所示：

```
9
```

若一个表达式中出现两个优先级相同的运算符，则此时会优先执行哪个运算符对应的运算呢？比如表达式 "1+2-3"，"+" 和 "-" 的优先级相同。如果遇到这种情况，则需要根据运算符的结合性决定执行哪个运算符对应的运算。

运算符的结合性是指相同优先级的运算符在同一个表达式中，且没有括号的时候，运算符和操作数的结合方式。通常有自左至右和自右至左两种结合方式，大多数运算符的结合方式是自左至右。由于 "+" 和 "-" 的结合方式是自左至右，所以解释器在执行表达式 "1+2-3" 时，会先执行 "1+2"，再将所得的结果 "3" 与操作数 "3" 一起执行 "3-3"。示例如下：

```
result = 1 + 2 - 3
print(result)
```

运行代码，结果如下所示：

```
0
```

2.6　基本输入和输出

输入与输出是程序中非常重要的功能，通过它们能够实现人机交互的行为，即既能从输入设备接收用户输入的数据，也能向显示设备输出数据。为此 Python 提供了两个非常重要的函数，分别是 input() 和 print()，用于实现数据的输入与输出。本节将针对输入与输出的内容进行详细介绍。

2.6.1　input() 函数

input() 是 Python 标准库内置的函数，该函数的功能是获取用户从键盘输入的数据，并将输入的数据以字符串的形式进行返回。input() 函数在获取用户输入之前可先在控制台中输出提示信息，其语法格式如下：

```
input(提示信息)
```

上述格式中，提示信息是可以省略的，如果设置了提示信息，则会在用户输入之前将其显示在控制台上，以告诉用户应该输入什么内容。

例如，获取用户输入的问题答案，具体代码如下：

```
question = input("世界上首座双奥之城是哪座城市？")
print(question)
```

运行代码，结果如下所示：

```
世界上首座双奥之城是哪座城市？北京
北京
```

需要注意的是，无论用户在控制台输入的是数字、字母还是任何其他数据，input() 函数都将其以字符串形式返回。示例如下：

```
result = input()
print(type(result))
```

运行代码，结果如下所示：

```
100000000
<class 'str'>
```

2.6.2　print() 函数

print() 是 Python 程序中经常出现的函数，该函数的功能是将数据输出到控制台，它可以输出任何类型的数据。print() 函数的语法格式如下：

```
print(数据 1<，数据 2，...>，sep='分隔符'，end='结束标志')
```

上述格式中，数据的数量是任意的，可以是一个，也可以是多个；sep 参数用于指定多个数据之间使用的分隔符，若不指定，则默认使用空格作为分隔符；end 参数用于指定输出内容使用的结束标志，若不指定，则默认使用换行符作为结束标志，也就是说，每次输出完以后会换到下一行。

前面的示例中已经简单使用 print() 函数输出了一些内容，包括变量名、表达式、数据等，接下来分几种情况演示 print() 函数的用法，具体内容如下。

1. 输出多个数据

print() 函数能够直接输出多个数据，多个数据之间使用英文逗号进行分隔，示例如下：

```
print(10, 20, 30)                        # 同时输出多个的数据
```

```
new_data = 50
print(10, 20, 30, new_data)        # 混合输出数据和变量名
```
运行代码，结果如下所示：
```
10 20 30
10 20 30 50
```
从输出结果可以看出，多个值之间是用空格隔开的。

2. 指定输出数据的分隔符

输出数据时，如果不希望用空格分隔，则可以在使用 print()函数时设置 sep 参数，通过该参数指定数据之间的分隔符。示例如下：
```
print(10, 20, 30, sep='|')                # 输出多个数据，并用"|"作为分隔符
new_data = 50
print(10, 20, 30, new_data, sep='-')    # 输出多个数据，并用"-"作为分隔符
```
运行代码，结果如下所示：
```
10|20|30
10-20-30-50
```
观察输出的第一个结果可知，每个值之间是用竖线隔开的；观察第二个结果可知，每个值之间是用横线隔开的。

3. 不换行输出

默认情况下，print()函数将数据输出到控制台后会自动换行。如果希望 print()函数输出数据后不换行，则可以在使用 print()函数时设置 end 参数，通过该参数指定结束标志。示例如下：
```
print(10, 20, 30, end='...')      # 输出多个数据，并用"..."作为结束标记
new_data = 50
print(new_data)                    # 再次输出一个数据
```
运行代码，结果如下所示：
```
10 20 30...50
```
从输出结果可以看出，50 与其他几个值处在同一行，它们之间是用点分隔的。

2.7 实例：毛遂自荐

"毛遂自荐"主要讲的是秦军围困赵国的都城邯郸，赵国的平原君打算在门客中选取二十名文武兼备的人，一起去楚国求助。可是选来选去，却仅仅凑够了十九个人，这时，门客毛遂自告奋勇跟随平原君前往楚国游说，最终也是由毛遂说服楚王同意合纵，解了赵国都城邯郸之围。

"毛遂自荐"的典故告诉我们，机会不会自己送上门来，我们要抓住每一个可以让自己发光发亮的机会，即便没有别人提供机会，也要主动出击创造机会。本实例要求实现自我介绍的程序，该程序会接收用户从键盘输入的个人信息，包括姓名、性别、学校、优势，并将这些信息输出到控制台。

实现自我介绍的程序的思路，具体如下。

（1）通过 input()函数依次接收用户从键盘输入的个人信息，并使用变量保存。

（2）通过 print()函数分别输出变量保存的个人信息。

下面按照上述思路编写代码，实现自我介绍的程序，具体代码如下：

```
1  name = input("请输入姓名: ")
2  gender = input("请输入性别: ")
3  university = input("请输入学校: ")
4  advantage = input("请输入优势: ")
5  print("姓名: ", name)
6  print("性别: ", gender)
7  print("学校: ", university)
8  print("优势: ", advantage)
```

上述代码中，第 1～4 行代码调用 input()函数接收用户输入的姓名、性别、学校和优势，并将它们赋值给 4 个变量。第 5～8 行代码调用 print()函数输出用户输入的姓名、性别、学校和优势。

运行代码，结果如下所示：

```
请输入姓名: 华智冰
请输入性别: 女
请输入学校: 清华大学
请输入优势: 作诗、作画、制作音乐，还具有一定的推理和情感交互的能力。
姓名: 华智冰
性别: 女
学校: 清华大学
优势: 作诗、作画、制作音乐，还具有一定的推理和情感交互的能力。
```

近年来，我国人工智能理论和技术取得了突飞猛进的进步，在国际上遥遥领先。"华智冰"作为我国首个原创虚拟学生，她的诞生，无疑证明了我国在人工智能领域的实力。

2.8　本章小结

本章主要介绍了 Python 的基础语法，包括代码风格、标识符和关键字、变量、数据类型、数字运算、基本输入和输出。本章内容比较简单易学，希望大家初学 Python 时，能够将知识点多加运用，为后期深入学习 Python 打好扎实的基础。

2.9　习题

1. Python 中有哪些注释？简单介绍这些注释的基本用法。
2. Python 使用_____控制代码的逻辑关系和层次结构。
3. 下列选项中，不属于 Python 关键字的是（　　）。

A. private   B. False

C. for   D. raise

4. 下列选项中，布尔值为 True 的是（　　）。

A. None   B. 0

C. 1   D. {}

5. 下列标识符中，哪些是合法的？哪些是不合法的？

```
from#12          2ndObj              if
student          LEVEL               Flower
my_test          MY_PI
```

6. 请阅读代码片段：

```
a = 10
b = 20
c = 30
print(a, b, c, 50, sep=',', end='...')
```

上述代码运行后，输出的结果是什么？

7. 下面两个表达式的运行结果相同吗？请解释原因，并给出运行结果。

```
1 + 2 * 3
(1 + 2) * 3
```

8. 若要将包含数字的字符串转换为整数，应使用哪个函数？

9. 编写程序，要求程序能根据用户输入的数据计算圆的面积，并分别输出圆的直径和面积。注：圆的面积公式是 $S=\pi r^2$，π 的取值为 3.14。

10. 已知某煤场有 29.5t 煤，先用一辆载重 4t 的汽车运 3 次，剩下的用一辆载重为 2.5t 的汽车运送，请计算还需要运送几次才能送完。编写程序，解答此问题。

第 3 章
字符串

★ 掌握字符串的定义方式，能够准确定义字符串

★ 掌握字符串的索引和切片方式，能够通过索引和切片获取字符串的子串

★ 掌握字符串格式化的方式，能够通过%、format()和 f-string 格式化字符串

★ 熟悉字符串的运算符，能够通过+和*运算符实现字符串的拼接和复制

★ 掌握字符串的处理函数，能够通过 len()函数和 ord()函数计算字符串的长度以及返回单个字符的 ASCII 值

★ 掌握字符串的处理方法，能够根据需要选择合适的方法处理字符串

日常生活中经常会看见一些文本类型的数据，比如电子邮件、评论、个人资料等，这些数据的内容形式比较复杂，包括字母、数字、标点符号、特殊符号、中文等，在程序中使用字符串表示这些内容。本章将针对字符串的内容进行详细讲解。

3.1 字符串的定义

字符串是有序的字符集合，它里面的字符默认采用 Unicode 编码，可以是字母、数字、标点符号、特殊符号、中文等字符。需要说明的是，Python 中没有字符类型，即便一个字符也属于字符串。

Python 支持使用单引号、双引号和三引号定义字符串，三引号可以是三单引号和三双引号，其中使用单引号、双引号定义的字符串只能单行显示，使用三引号定义的字符串支持多行显示。定义字符串的示例如下：

```
'凡事以理想为因，实行为果'          # 使用单引号定义字符串
"凡事以理想为因，实行为果"          # 使用双引号定义字符串
'''凡事以理想为因，实行为果'''      # 使用三单引号定义字符串
"""凡事以理想为因，
    实行为果"""                     # 使用三双引号定义字符串
```

需要注意的是，使用单引号或双引号定义字符串时，字符串的内容不能包含单引号或

双引号。例如，英文语句 Let's learn Python 中有一个单引号，如果此时仍然使用单引号定义包含该英文语句的字符串，则会出现错误信息，示例如下：

```
'Let's learn Python'
```

运行代码，结果如下所示：

```
    'Let's learn Python'
              ^
SyntaxError: unterminated string literal (detected at line 131)
```

之所以出现上述错误信息，是因为 Python 解释器将 Let's learn Python 中的单引号与字符串开头的单引号进行配对，认为字符串的内容至此结束。

为了避免程序中出现这类问题，可以使用双引号或三引号定义字符串。例如，将上述示例中定义字符串时使用的单引号分别修改为双引号或三引号，改后的代码如下：

```
"Let's learn Python"
"""Let's learn Python"""
'''Let's learn Python'''
```

同理，若字符串包裹的内容中包含双引号，则可以使用单引号或三引号定义字符串；以确保 Python 解释器能够按预期对引号进行配对。

除此之外，还可以利用反斜杠 "\\" 对引号进行转义，使 Python 解释器将转义后的引号作为普通字符对待。示例如下：

```
words = 'Let\'s learn Python'   # 使用反斜杆转义字符串里面的单引号
print(words)
```

运行代码，结果如下所示：

```
Let's learn Python
```

有些情况下，反斜杠也会作为字符串的一部分，比如表示 Windows 系统下文件路径的字符串'D:\PythonProject\Chapter01\next.py'中，由于\n 具有特殊性，它会使\n 后面连接的语句出现换行，示例如下：

```
words = 'D:\PythonProject\Chapter01\next.py'
print(words)
```

运行代码，结果如下所示：

```
D:\PythonProject\Chapter01
ext.py
```

为了避免反斜杠与其他字符组合后产生新的含义，Python 提供了原始字符串。原始字符串中，任何字符都褪去了特殊含义，保持字面的含义。若希望生成原始字符串，直接在普通字符串的开头加上 r 或 R 前缀，如此便可以将普通字符串变成原始字符串。

对上述示例进行修改，修改后的代码如下：

```
words = r'D:\PythonProject\Chapter01\next.py'   # 原始字符串
print(words)
```

运行代码，结果如下所示：

```
D:\PythonProject\Chapter01\next.py
```

从输出结果可以看出，字符串里面的内容按照原样显示，不再换行显示。

注意：

（1）尽管字符串的定义方式有很多，但是在同一文件中应统一定义方式，避免多种方式混合使用；

（2）如果字符串中包含某种形式的引号，那么应优先使用其他形式的引号定义字符串，而非使用转义字符；

（3）如果使用三引号定义的字符串没有被赋值给变量，那么它会被视为多行注释。

多学一招: 转义字符

一些普通字符与反斜杠组合后将失去原有含义，产生新的特殊含义。类似这样的与反斜杠组合而成的、具有特殊含义的一串字符就是转义字符。转义字符通常用于表示一些无法直接显示的字符，例如制表符、回车符等。Python 中常见的转义字符如表 3-1 所示。

表 3-1　Python 中常见的转义字符

转义字符	功能说明
\b	退格符
\n	换行符
\v	垂直制表符
\t	水平制表符
\r	回车符
\'	单引号字符
\"	双引号字符

3.2　字符串的索引与切片

Python 中字符串可以包含多个字符，这些字符按一定顺序排列，每个字符所在的位置有着固定的编号，以便用户通过该编号访问它们，这些位置编号被称为索引或者下标。按照不同的方向，可将索引分为正向索引和逆向索引。假设字符串的长度为 L，正向索引从左至右由 0 递增为 $L-1$，逆向索引从右至左由 -1 递减为 $-L$。以字符串‘精诚所至金石为开’为例，字符串的索引如图 3-1 所示。

图 3-1　字符串的索引

由图 3-1 可知，每个中文字符对应两种形式的索引，正向索引从 0 开始，逆向索引从 -1 开始。此时，通过索引可以获取对应的单个字符，使用方式为"字符串[索引]"。例如，通过索引 1 和 -7 获取单个字符"诚"，具体代码如下：

```
words = '精诚所至金石为开'
char_one = words[1]      # 获取索引为 1 的字符"诚"
char_two = words[-7]     # 获取索引为 -7 的字符"诚"
```

除了可以通过索引获取单个字符，我们还可以通过切片从字符串中截取子串。切片的语法格式如下：

```
字符串[起始索引:结束索引:步长]
```

上述格式中，中括号里面从左到右依次是起始索引、结束索引和步长 3 项，这 3 项之间以冒号进行分隔，可以省略，关于它们的介绍如下。

- 起始索引：表示截取字符的起始位置，取值可以是正向索引或逆向索引。若省略起始索引，则使用的默认值为 0，即从字符串开头位置的字符开始截取。
- 结束索引：表示截取字符的结束位置，取值可以为正向索引或逆向索引。若省略结束索引，则使用的默认值为字符串的长度，即到字符串末尾位置的字符结束截取。
- 步长：表示每隔指定数量的字符截取一次字符串，取值可以是正、负整数，默认值为 1。若步长为正整数，则会按照从左到右的顺序取值；若步长为负整数，则会按照从右到左的顺序取值。

需要注意的是，通过切片截取的子串包含起始索引对应的字符，但不包含结束索引对应的字符。切片的示例如下：

```python
print(words[:5])        # 获取从索引 0 到索引 5 之前的子串
print(words[5:])        # 获取从索引 5 到末尾的子串
print(words[4:6])       # 获取从索引 4 到索引 6 之前的子串
print(words[::2])       # 获取从索引 0 到末尾、步长为 2 的子串
print(words[-4:-2])     # 获取从索引-4 到索引-2 之前的子串
print(words[-4:6])      # 获取从索引-4 到索引 6 之前的子串
```

运行代码，结果如下所示：

```
精诚所至金
石为开
金石
精所金为
金石
金石
```

值得一提的是，Python 中的字符串与其他编程语言不同，它是不可变的，一旦定义完成后不能被修改。如果尝试给某个索引对应的字符重新赋值时，则会出现语法错误信息，示例如下：

```python
words[3] = ','
```

运行代码，结果如下所示：

```
TypeError: 'str' object does not support item assignment
```

3.3　字符串格式化

若希望程序输出一行自我介绍的内容：我叫小明，今年 18 岁了。这行内容中有下画线部分是变化的，其余部分是固定不变的，相当于自我介绍的模板，这可以使用字符串格式化实现。字符串格式化是指在字符串的指定位置暂时插入一些占位符，以便在执行字符串时使用真正的值替换占位符。Python 提供了三种字符串格式化的方式，分别是使用格式符%、format()方法和 f-string，本节将对这三种方式进行详细的介绍。

3.3.1　使用格式符%格式化字符串

在使用格式符%对字符串进行格式化时，Python 会使用一个带有格式符的字符串作为模板，这个格式符用于为真实值预留位置，并说明真实值应该呈现的格式。示例如下：

```python
"我叫%s" % "小明"
```

上述示例中，"我叫%s"是一个字符串模板，该字符串中的"%s"是一个格式符，用来给字符串类型的数据占位，"小明"是替换"%s"的真实值。模板和真实值之间有一个"%"，表示执行格式化操作，此时"小明"会替换模板中的"%s"，最终返回字符串"我叫小明"。

此外，还可以用一个元组将多个真实值传递给字符串模板，元组中的每个值都对应着一个格式符。示例如下：

```
"我叫%s, 今年%d 岁了" % ("小明", 18)
```

上述示例中，"我叫%s，今年%d岁了"是一个字符串模板，其中"%s"为第一个格式符，表示给字符串类型的值占位，"%d"为第二个格式符，表示给整型的值占位；("小明"，18)中的"小明"和"18"是替换"%s"和"%d"的真实值；字符串模板和元组之间使用"%"分隔，最终返回的字符串是"我叫小明，今年 18 岁了"。

除了前面介绍的格式符，Python 还支持多种类型的格式符，每种格式符适用于不同的数据类型。常见的格式符如表 3-2 所示。

表 3-2　常见的格式符

格式符	功能说明
%c	格式化单个字符及其 ASCII
%s	格式化字符串
%i 或%d	格式化有符号的十进制整数
%o	格式化有符号的八进制整数
%x	格式化有符号的十六进制整数
%e	格式化用科学记数法表示的浮点数，以 e 为指数符号
%E	格式化用科学记数法表示的浮点数，以 E 为指数符号
%f	格式化十进制浮点数

当使用多个格式符对字符串进行格式化时，还可以通过字典传值，这时需要先以"(name)"形式对变量进行命名，每个命名对应字典的一个键，示例如下：

```
format_string = "我叫%(name)s, 今年%(age)d 岁了" % {"name": "小明", "age": 18}
print(format_string)
```

运行代码，结果如下所示：

```
我叫小明, 今年 18 岁了
```

3.3.2　使用 format()方法格式化字符串

虽然使用%可以对字符串进行格式化操作，但是这种方式并不是很直观，一旦开发人员选择了不匹配的格式符，就会导致字符串格式化失败。为此，Python 引入了字符串格式化的方法 format()，该方法摆脱了格式符关于数据类型的限制，使字符串格式化变得更加简单。

使用 format()方法格式化字符串的语法格式如下：

```
模板字符串.format(值 0, 值 1, ...)
```

上述格式中，模板字符串有着一定的格式要求，它里面需要包含一个或多个符号{}，该符号用于给真实值预留位置；{}的数量与真实值的数量是相等的。示例如下：

```
format_string = "我叫{}，今年 18 岁了".format("小明")
print(format_string)
```

运行代码，结果如下所示：

```
我叫小明，今年 18 岁了
```

如果模板字符串中有多个符号{}，并且{}内没有指定任何值的序号，则默认{}内的序号与值的顺序是互相对应的。序号从 0 开始递增，此时会按照从左到右的顺序依次用值替换，如图 3-2 所示。

如果模板字符串的{}内明确指定了值的序号，则需要按照序号使用相应的值进行替换，如图 3-3 所示。

图3-2 {}和值的对应关系（1）   图3-3 {}和值的对应关系（2）

format()方法中，在模板字符串的{}内除了可以加入参数序号以外，还可以加入其他控制信息，以便能定制更丰富的格式。在{}内加入控制信息的语法格式如下：

```
{<值序号>:<格式控制标记>}
```

上述格式中，格式控制标记包括<填充><对齐><宽度><,><.精度><类型>这 6 个字段，这些字段都是可选的，可以组合使用。下面分别对这 6 个字段的功能进行说明。

（1）<填充>字段是一个字符，默认使用空格填充。

（2）<对齐>字段分别使用<、>和^符号表示左对齐、右对齐和居中对齐。<是默认的对齐方式，可以省略不写。

（3）<宽度>字段用于指定值转换为字符串后字符串的宽度，如果指定的宽度比字符串的实际长度小，则使用字符串的实际长度，否则就使用指定的宽度。示例如下：

```
words = "design"
print("{:10}".format(words))        # 左对齐，填充空格至宽度为 10
print("{:>10}".format(words))       # 右对齐，填充空格至宽度为 10
print("{:@^10}".format(words))      # 居中对齐，填充@至宽度为 10
print("{:@^1}".format(words))       # 宽度小于 words 的实际长度
```

运行代码，结果如下所示：

```
design
    design
@@design@@
design
```

（4）<,>字段用于显示数字类型的千位分隔符，示例如下：

```
words = 31415926
print("{0:,}".format(words))          # 显示千位分隔符
```

运行代码，结果如下所示：

```
31,415,926
```

（5）<.精度>字段以小数点开头，适用于浮点数和字符串。如果值是浮点数，则精度表示小数部分输出的有效位数；如果值是字符串，精度表示输出字符串的最大长度。示例如下：

```
words = 3.1415926
print("{:.5f}".format(words))         # 输出浮点数，保留 5 位小数
```

```
words = "design"
print("{:.5}".format(words))          # 字符串的长度为 5
```
运行代码，结果如下所示：
```
3.14159
desig
```
（6）<类型>字段用于控制整数和浮点数的格式。

针对整数的不同进制形式，Python 提供了不同的输出格式，部分输出格式介绍如下。

- c：输出整数对应的 Unicode 字符。
- d：输出整数的十进制形式。
- o：输出整数的八进制形式。
- x：输出整数的十六进制形式。

针对浮点数，输出格式可以分为以下几种。

- e：输出浮点数对应的小写字母 e 的指数形式。
- E：输出浮点数对应的大写字母 E 的指数形式。
- f：输出浮点数的标准形式。
- %：输出浮点数的百分比形式。

整数和浮点数输出格式的示例如下：
```
print("{:c}".format(97))             # 输出 97 对应的 Unicode 字符
print("{:x}".format(11))             # 输出十六进制形式的整数
print("{:E}".format(1568.736))       # 输出科学记数法形式的浮点数
print("{:%}".format(0.80))           # 输出浮点数的百分比形式
```
运行代码，结果如下所示：
```
a
b
1.568736E+03
80.000000%
```

3.3.3　使用 f-string 格式化字符串

使用 f-string 是一种更为简洁的格式化字符串的方式，它在形式上以 f 或 F 引领字符串，在字符串中使用 "{变量名}" 标明被替换的真实值所在的位置。f-string 的语法格式如下：
```
f"{变量名}" 或 F"{变量名}"
```
使用 f-string 格式化字符串，示例如下：
```
name = "小明"
age = 18
format_string = f'我叫{name}，今年{age}岁了'
print(format_string)
```
运行代码，结果如下所示：
```
我叫小明，今年 18 岁了
```

3.4　实例：制作高铁名片

近 10 年来，我国高铁秉持"核心技术必须要把握在自己手里"的发展理念，实现了由"追赶者"到"领跑者"的角色转换，在新时代跑出了中国速度，更创造了中国奇迹，高铁成为代表中国形象的"亮丽名片"。

我国对高铁的研究其实始于 20 世纪 90 年代初，比部分发达国家晚几十年，当时国家一边引进发达国家的技术，一边研发、制定自己的高铁标准。2008 年 8 月，我国第一条 350km/h 的高速铁路——京津城际铁路开通运营，此后我国在高铁领域得到了飞速发展。2017 年 6 月，以"复兴号"命名的标准动车组成功上线运营，标志着我国铁路技术装备达到了领跑世界的先进水平。2019 年复兴号电力动车组实现时速 350km 自动驾驶。

尽管我国高铁的发展起步较晚，但经过几代"铁路人"接续奋斗，实现了从无到有、从追赶到并跑、领跑的历史性变化，成功建设了世界上规模最大、现代化水平最高的高速铁路网。放眼整个大地，我国高铁跨越大江大河，穿越崇山峻岭，通达四面八方，从林海雪原到江南水乡，从大漠戈壁到东海之滨，不断改写着整个我国的时空格局，也提供了助力世界发展的中国方案和中国智慧。

我国高铁领域取得的成果离不开高铁技术人员的努力，他们顶着巨大的压力艰苦奋斗，不断在高铁领域探索全新的技术，这才有了现在的"中国速度"。我们作为新时代的青年，应该学习艰苦奋斗的精神，为我国未来的发展出一份力。

本实例要求用户输入型号、外号、动力来源、速度、投用时间这些基本信息，每个信息之间用"|"进行分隔，套用统一格式的模板制作成一张高铁名片。高铁名片模板的格式如下：

```
复兴号电力动车组
=============================
型号：××××
外号：××××
动力来源：××××
速度：××××km/h
投用时间：××××年

=============================
2022 年 12 月入选"2022 全球十大工程成就"
```

观察高铁名片模板可知，××××部分的内容是不固定的，需要用户从键盘输入，其余部分的内容是固定的，这正好符合字符串格式化操作的特点。为此我们可以把每一行内容视为字符串，将××××所在的位置标注为符合语法要求的占位符，以便在格式化操作时使用真正的值替换占位符。本实例的实现思路如下：

（1）通过 input()函数获取复兴号电力动车组的基本信息，并使用变量保存基本信息；

（2）通过 f-string 将占位符标注到指定的位置。

下面按照上述思路编写代码，制作中国高铁名片模板，具体代码如下：

```python
model = input("请输入型号：")
nickname = input("请输入外号：")
power_source = input("请输入动力来源：")
speed = input("请输入速度：")
use_time = input("请输入投用时间：")
print("复兴号电力动车组")
print("=============================")
print(f"型号：{model}")                   # 使用{model}标注型号插入的位置
print(f"外号：{nickname}")                 # 使用{nickname}标注外号插入的位置
print(f"动力来源：{power_source}")          # 使用{power_source}标注动力来源插入的位置
print(f"速度：{speed}km/h")                # 使用{speed}标注速度插入的位置
```

```
print(f"投用时间：{use_time}年")      # 使用{use_time}标注投用时间插入的位置
print("============================")
print("2022 年 12 月入选"2022 全球十大工程成就"")
```

运行代码，结果如下所示：

```
请输入型号：CR400BF
请输入外号：金凤凰
请输入动力来源：电力
请输入速度：350
请输入投用时间：2022
复兴号电力动车组
============================
型号：CR400BF
外号：金凤凰
动力来源：电力
速度：350km/h
投用时间：2022 年
============================
2022 年 12 月入选"2022 全球十大工程成就"
```

3.5　字符串运算符

Python 中有些运算符适用于字符串，以便对字符串执行一些简单的操作，比如字符串的比较、字符串的连接等。接下来通过一张表罗列字符串的运算符，具体如表 3-3 所示。

表 3-3　字符串的运算符

运算符	功能说明
+	连接运算符两侧的字符串，返回连接后的新字符串
*	复制指定次数的字符串，返回复制后的新字符串
>, <, ==, !=, >=, <=	按照 ASCII 值的大小比较字符串里面的字符
in, not in	检测字符串中是否存在或不存在某个子串

下面是字符串操作符的部分示例，具体如下：

```
result_one = '宝剑锋从磨砺出'+', '+ '梅花香自苦寒来'   # 使用运算符+连接多个字符串
print(result_one)
result_two = '加油!' * 3                # 复制 3 次字符串
print(result_two)
result_thr = 'Python' >= 'python'      # 比较'Python'是否大于或等于'python'
print(result_thr)
result_fou = '梅花' in '梅花香自苦寒来'  # 检测'梅花'是否存在于'梅花香自苦寒来'字符串中
print(result_fou)
```

运行代码，结果如下所示：

```
宝剑锋从磨砺出, 梅花香自苦寒来
加油!加油!加油!
False
True
```

观察第一个输出结果可知，新字符串是原来三个字符串的组合，这三个字符串按从左到右的顺序连接；观察第二个输出结果可知，新字符串中出现了三次"加油!"；观察第三个输出结果可知，比较结果是 False，说明'Python'小于'python'，这是因为 P 的 ASCII（American Standard Code for Information Interchange，美国信息交换标准代码）值是 80，p 的 ASCII 值是 112；观察第四个输出结果可知，比较结果是 True，说明'梅花'存在于'梅花香自苦寒来'字符串中。

值得一提的是，虽然通过"+"运算符可以连接多个字符串，但是效率非常低。这是因为 Python 中字符串属于不可变类型数据，在不断连接字符串的时候会生成新字符串，每生成一个新字符串就需要申请一次内存空间，内存操作过于频繁。因此 Python 不建议使用"+"运算符连接字符串，3.7 节会讲一些其他的字符串连接方法。

3.6   字符串处理函数

Python 针对字符串提供了一些内置函数，使用这些内置函数可以便捷地对字符串进行一些处理，例如返回字符串的长度、返回单个字符对应的 ASCII 值等。字符串的常用函数如表 3-4 所示。

表 3-4   字符串的常用函数

函数	功能说明
len()	返回字符串的长度，或返回其他组合数据的元素个数
ord()	返回单个字符对应的 ASCII 值

使用表 3-4 中的函数处理字符串，示例如下：

```
words_one = "敏而好学，不耻下问"
word_length = len(words_one)
print(word_length)
words_two = "未来可期，我用 Python"
word_length = len(words_two)                # 返回字符串的长度
print(word_length)
word = 'a'
print(ord(word))                           # 返回单个字符的 ASCII 值
```

运行代码，结果如下所示：

```
9
13
97
```

3.7   字符串处理方法

Python 提供了许多字符串的处理方法，不同方法可实现的功能不同，例如，对于字符串大小写转换、判断字符串前缀或后缀、查找与替换字符串、分割与拼接字符串、填充字符串等，Python 都提供了方法。不过这些方法不能直接修改原字符串，而是在处理完成后生成新的字符串。本节将针对这些方法进行详细的介绍。

3.7.1　字符串大小写转换的方法

在一些特定情况下，英文单词的大小写形式需满足特殊的要求。例如，专有名词的简称必须全字母大写，如 CBA、CCTV 等。Python 提供了一些用于大小写转换的方法，具体如表 3-5 所示。

表 3-5　大小写转换的方法

方法	功能说明
upper()	将字符串中的字母全部转换为大写字母，返回转换后的新字符串
lower()	将字符串中的字母全部转换为小写字母，返回转换后的新字符串
capitalize()	将字符串中的首字母转换为大写字母，将其余字母转换为小写字母，返回转换后的新字符串
title()	将字符串中每个单词的首字母转换为大写字母，将其余字母转换为小写字母，返回转换后的新字符串

接下来，以字符串'interest IS the BEST teacher'为例，演示通过表 3-5 中的方法对该字符串进行大小写转换，示例如下：

```
string = 'interest IS the BEST teacher'
upper_str = string.upper()            # 将所有字母转换为大写字母
lower_str = string.lower()            # 将所有字母转换为小写字母
cap_str = string.capitalize()         # 将首字母转换为大写字母
# 将每个单词的首字母转换为大写字母，将其余字母转换成小写字母
title_str = string.title()
print(f'全部转换为大写字母：{upper_str}')
print(f'全部转换为小写字母：{lower_str}')
print(f'首字母转换为大写字母：{cap_str}')
print(f'单词首字母转换为大写字母：{title_str}')
```

运行代码，结果如下所示：

```
全部转换为大写字母：INTEREST IS THE BEST TEACHER
全部转换为小写字母：interest is the best teacher
首字母转换为大写字母：Interest is the best teacher
单词首字母转换为大写字母：Interest Is The Best Teacher
```

3.7.2　查找与替换字符串的方法

Python 提供了用于查找与替换字符串的方法，分别是 find() 和 replace() 方法，具体介绍如下。

1. find()方法

find()方法用于查找字符串中是否包含子串，既可以在整个字符串中查找，也可以在指定范围内查找。若找到子串则返回子串首次出现的索引，否则返回-1。find()方法的语法格式如下所示：

```
find(sub, start=None, end=None)
```

上述格式中，参数 sub 表示要查找的子串；参数 start 表示开始索引，默认值为 0；参数 end 表示结束索引，默认值为字符串的长度。

例如，查找'鱼'是否在字符串'临渊羡鱼，不如退而结网。'中，如果在则返回索引值，否则返回-1，具体代码如下：

```
words = '临渊羡鱼，不如退而结网。'
result_one = words.find('鱼')        # 从整个字符串中查找子串'鱼'
```

```
print(result_one)
result_two = words.find('鱼', 6)      # 从索引 6 开始到末尾查找子串'鱼'
print(result_two)
```

运行代码，结果如下所示：

```
3
-1
```

从第一个结果可以看出，成功找到了子串，子串出现的索引是 3；从第二个结果可以看出，没有找到子串。

2. replace()方法

replace()方法用于将当前字符串中的指定子串替换成新的子串，可以指定替代次数，并返回替换后的新字符串。replace()方法的语法格式如下所示：

```
replace(old, new, count=-1)
```

上述格式中，参数 old 表示被替换的旧子串；参数 new 表示替换旧子串的新子串；参数 count 表示替换旧子串的次数，为可选参数，默认替换所有的旧子串。替换字符串的示例如下：

```
string = 'All things Are difficult before they Are easy.'
new_string = string.replace('Are', 'are')          # 不指定替换次数
print(new_string)
new_string = string.replace('Are', 'are', 1)       # 指定替换次数
print(new_string)
```

运行代码，结果如下所示：

```
All things are difficult before they are easy.
All things are difficult before they Are easy.
```

从第一个结果可以看出，程序将字符串中所有的 Are 替换成 are；从第二个结果可以看出，程序只将字符串中的第一个 Are 替换成 are，其余没有发生变化。

3.7.3　分割与拼接字符串的方法

Python 提供了用于分割与拼接字符串的方法，分别是 split()和 join()，具体介绍如下。

1. split()方法

split()方法用于根据指定分隔符对字符串进行分割，分割后返回一个列表，该列表中保存了多个字符串。split()方法的语法格式如下所示：

```
split(sep=None, maxsplit=-1)
```

上述格式中，参数 sep 表示分隔符，默认值为空格，也可设置为其他值，例如换行（\n）、制表符（\t）等；参数 maxsplit 表示分割的次数，默认值是-1，代表不限制分割次数。分割字符串的示例如下：

```
string = 'All things Are difficult before they Are easy.'
new_str = string.split()                # 根据空格分割字符串
print(new_str)
new_str = string.split(sep='A')         # 根据字符 A 分割字符串
print(new_str)
# 根据字符 A 分割字符串，分割两次
new_str = string.split(sep='A', maxsplit=2)
print(new_str)
```

运行代码，结果如下所示：

```
['All', 'things', 'Are', 'difficult', 'before', 'they', 'Are', 'easy.']
['', 'll things ', 're difficult before they ', 're easy.']
```

```
['', 'll things ', 're difficult before they Are easy.']
```

2. join()方法

join()方法用于将某个字符串作为连接符，通过连接符拼接可迭代对象的每个元素，并返回一个新的字符串。可迭代对象可以是字符串、列表、元组、集合、字典。join()方法的语法格式如下：

```
join(iterable)
```

拼接字符串的示例如下：

```
symbol = '**'
string = 'Python'
new_str = symbol.join(string)    # 通过 symbol 拼接字符串中的每个字符
print(new_str)
# 通过 symbol 拼接列表中的每个字符串
new_str = symbol.join(['Let', 'us', 'learn', 'Python'])
print(new_str)
```

运行代码，结果如下所示：

```
P**y**t**h**o**n
Let**us**learn**Python
```

3.8　实例：文本检测程序

在互联网发展的初期，违法、违规乱象危害了网络环境，侵犯了人们的正当权益。为了保障网络安全，维护国家和人民的利益，大多数网络平台会采取不良词语屏蔽的策略来营造风清气正的网络环境。我们都是网络语言生态的一分子，保持网络环境的健康、纯洁，需要我们每个人从自身做起。

本实例要求实现文本检测程序，该程序只要检测到文本中有"最优秀"，就将其替换成"较优秀"。文本内容如下。

我们拥有多年的品牌战略规划及标志设计、商标注册经验；专业提供公司标志设计与商标注册服务。我们拥有最优秀且具有远见卓识的设计师，使我们的策略分析严谨，设计充满创意。我们有信心为您提供最优秀的品牌形象设计服务，将您的企业包装得更富价值。

根据前面的描述可知，我们需要先准备一段文本，之后在这段文本中查找词语"最优秀"，将 "最优秀" 替换为 "较优秀"，具体实现思路如下。

（1）定义一个变量，用于保存文本内容。

（2）通过 find()方法从整个文本中查找词语"最优秀"。

（3）通过 replace()方法将该文本中的词语"最优秀"替换成"较优秀"。

下面按照上述思路编写代码，实现文本检测程序，具体代码如下：

```
text = '我们拥有多年的品牌战略规划及标志设计、商标注册经验；' \
       '专业提供公司标志设计与商标注册服务。' \
       '我们拥有最优秀且具有远见卓识的设计师，使我们的策略分析严谨，设计充满创意。' \
       '我们有信心为您提供最优秀的品牌形象设计服务，将您的企业包装得更富价值。'
sensitive_word = '最优秀'                              # 设置过滤词语
replace_word = '较优秀'                                # 设置替换词语
result = text.find(sensitive_word)                     # 查找过滤词语
text = text.replace(sensitive_word, replace_word) # 替换过滤词语
print('过滤后的文本：\n' + text)
```

运行代码，结果如下所示：

过滤后的文本：

我们拥有多年的品牌战略规划及标志设计、商标注册经验；专业提供公司标志设计与商标注册服务。我们拥有较优秀且具有远见卓识的设计师，使我们的策略分析严谨，设计充满创意。我们有信心为您提供较优秀的品牌形象设计服务，将您的企业包装得更富价值。

3.9 本章小结

本章主要介绍了字符串相关的知识，包括字符串的定义、字符串的索引与切片、字符串格式化、字符串运算符、字符串处理函数和字符串处理方法。希望通过本章的学习，读者可以掌握字符串的基本使用方法，能够灵活运用字符串开发程序。

3.10 习题

1. Python 中'4'+'6'的结果为_____。
2. 假设字符串里面的内容是绝对路径，请简述有哪些方式可以正确定义字符串。
3. 下列选项中，用于格式化字符串的是（   ）。
   A. %   B. format()
   C. f-string   D. 以上全部
4. 下列关于字符串的说法中，错误的是（   ）。
   A. 字符串创建后可以被修改
   B. Python 中使用单引号、双引号和三引号定义字符串
   C. 转义字符\n 表示换行符
   D. 字符串中可以包含中文字符
5. 字符串的正向索引从_____开始，逆向索引从_____开始。
6. 下列选项中，用于将字符串中的字母全部转换为小写字母的是（   ）。
   A. upper()   B. title()
   C. capitalize()   D. lower()
7. 编写程序，接收用户输入的字符串，并输出字符串所有偶数位的字符，例如：输入'1A3bc3D523eF'，输出'Ab353F'。
8. 编写程序，请采用简便的方式输出如下线条：

---*---*---*---*---*---*---*---*---*---*---*

9. 编写程序，将用户键入的字符串 s 经过反转后进行输出。
10. 编写程序，采用任意一种字符串格式化方式，分别输出二进制、八进制、十进制、十六进制形式的整数 198。

第 4 章

流程控制

学习目标

★ 了解程序流程图的基本元素，能够说出每种元素的功能

★ 熟悉程序的基本结构，能够归纳每个结构的执行流程

★ 掌握分支结构，能够通过不同语句实现不同的分支结构

★ 掌握循环结构，能够通过不同语句实现不同的循环结构

程序中语句默认的执行顺序是自上而下。流程控制是指在程序运行时，通过一些特定的指令更改程序中语句的执行顺序，使其产生跳跃、回溯等现象。本章将对流程控制的相关知识进行讲解。

4.1 程序表示方法

设计程序时，人们常用一些不是代码，但能体现程序特性的表示来描述程序的流程。自然语言、程序流程图和伪代码是 3 种较为常用的表示，其中以程序流程图最为形象、直观。本节将介绍如何使用程序流程图表示程序执行流程。

4.1.1 程序流程图

程序流程图是一种用图形和文字说明描述程序基本操作和控制流程的方法，它是程序分析和过程描述的基本方法。程序流程图有 7 种基本元素，每种元素使用特定的图形表示，具体如图 4-1 所示。

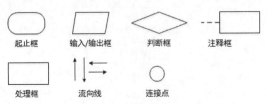

图4-1 程序流程图的基本元素

图 4-1 列举了 5 个图框、4 条流向线和 1 个连接点，这些符号的功能如下。

- 起止框：圆角矩形，表示程序逻辑的开始或结束。
- 输入/输出框：平行四边形，表示程序的数据输入或结果输出。
- 判断框：菱形，表示判断条件，程序会根据判断结果产生分支。
- 注释框：表示对程序的说明。
- 处理框：直角矩形，表示程序的执行逻辑。
- 流向线：单向实箭头，表示程序的流向。
- 连接点：圆形，表示多个程序流程图的连接，常用于组织复杂程序各部分功能的多个子程序流程图。

一个基本的程序流程图如图 4-2 所示。

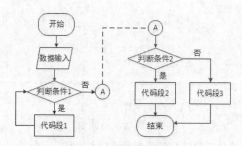

图4-2　程序流程图示例

图 4-2 中的程序流程图表示一个包含两个判断条件、三段顺序执行逻辑的程序流程。

4.1.2　程序的基本结构

解决简单问题的粗略计划往往规定了实施过程中先做什么，然后做什么，最后做什么。顺序执行计划中的步骤逐步推进，所有步骤依次执行完成，问题最终得以解决。一些实现简单功能的程序亦遵循此规定，程序中的每条语句对应问题的解决步骤，所有语句顺序执行，程序运行结束后将得到运行结果。

如上所述的所有语句顺序执行的程序是使用顺序结构的程序，顺序结构是程序的基础结构之一，但它并不能满足复杂多变的功能需求。除了顺序结构外，程序中还有两种基本结构，分别是分支结构和循环结构，这 3 种基本结构有一个共同特点，即有一个入口和一个出口。下面将结合程序流程图，对程序的这 3 种基本结构进行介绍。

1. 顺序结构

顺序结构是非常简单的一种基本结构，如图 4-3 所示。

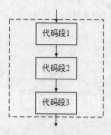

图4-3　顺序结构

图 4-3 中，代码段 1 执行完毕后必定执行之后的代码段 2，代码段 2 执行完毕后必定执行之后的代码段 3，程序中的语句从上到下依次执行。

2. 分支结构

分支结构又称选择结构，此种结构必定包含判断条件，是一种根据判断条件的结果选择执行不同分支的结构。根据分支的数量，分支结构分为单分支结构、双分支结构和多分支结构，前两种分支结构如图 4-4 所示。

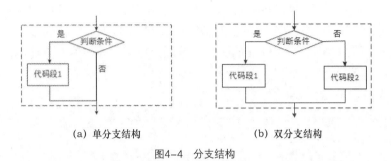

(a) 单分支结构　　　　　　　　　(b) 双分支结构

图4-4　分支结构

由图 4-4 可知，分支结构会根据判断条件是否成立，选择是否执行分支，或者执行哪个分支，分支执行完成后都继续向下执行。图 4-4 (a) 中，单分支结构只有一个分支，如果判断条件成立执行代码段 1，否则不执行任何操作；图 4-4 (b) 中，双分支结构有两个分支，无论判断条件是否成立，只能执行代码段 1 和代码段 2 中的一个。

需要说明的是，多个分支结构可组合使用，形成多分支结构。关于分支结构的详细内容将在 4.2 节讲解。

3. 循环结构

循环结构又称重复结构，此结构同样包含判断条件，是一种根据判断条件的结果选择是否重复执行代码段的结构。根据判断条件的触发方式，循环结构可分为条件循环和遍历循环，分别如图 4-5 (a) 和图 4-5 (b) 所示。

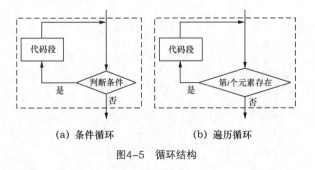

(a) 条件循环　　　　　　　　　(b) 遍历循环

图4-5　循环结构

关于循环结构的详细内容将在 4.3 节中讲解。

4.2　分支结构

Python 通过关键字 if、elif 和 else 来构造分支结构，其中 if 语句用于构造单分支结构，if-else 语句用于构造双分支结构，if-elif-else 语句用于构造多分支结构。本节将对这些分支结构进行讲解。

4.2.1　判断条件

判断条件是分支结构的核心，在学习分支结构之前先来学习判断条件。判断条件可以是能产生布尔值的任意元素，包括数据、变量，以及由变量或数据与运算符按照一定规则连接而成的表达式，若它的布尔值为 True，表示判断条件成立；若布尔值为 False，表示判断条件不成立。

Python 中比较简单的判断条件是数据或保存了数据的变量，任何数据都有布尔值，其中 None、任意形式为 0 的数据、任意组合数据类型的空数据，它们的布尔值均为 False，其他数据的布尔值为 True。使用 bool() 函数查看部分数据的布尔值，具体示例如下：

```
print(bool(80))            # 查看整数 80 的布尔值
print(bool(0.0))           # 查看浮点数 0.0 的布尔值
print(bool(''))            # 查看空字符串的布尔值
print(bool('Python'))      # 查看字符串'Python'的布尔值
```

运行代码，结果如下所示：

```
True
False
False
True
```

除了上述提到的数据，在 Python 中还可以使用数据或变量与比较运算符或成员运算符来构造更复杂的判断条件，具体示例如下：

```
a, b = 10, 30
print(a >= 5)              # 判断变量 a 的值是否大于等于 5
print(b == False)          # 判断变量 b 的值是否等于 False
# 判断变量 a 的值是否存在于列表[1, 2, 3, 4, 5]中
print(a in [1, 2, 3, 4, 5])
# 判断变量 b 的值是否不存在于列表[1, 2, 3, 4, 5]中
print(b not in [1, 2, 3, 4, 5])
# 对变量 a 的值取反
print(not a)
# 判断变量 a 的值是否大于等于 5 并且 b 的值等于 False
print(a >= 5 & b == False)
# 判断变量 a 的值是否大于等于 5 或者 b 的值等于 False
print(a >= 5 or b == False)
```

运行代码，结果如下所示：

```
True
False
False
True
False
False
True
```

4.2.2　单分支结构：if 语句

Python 中 if 语句用于构造单分支结构，其语法格式如下：

```
if 判断条件:
    代码段
```

以上格式中的 if 关键字与判断条件以空格分隔，判断条件后面紧跟着冒号，代码段与 if 关键字所在行之间通过缩进形成逻辑关联。当执行 if 语句时，若 if 语句中的判断条件成立，执行 if 语句后的代码段；若判断条件不成立，则跳过 if 语句，继续向下执行其他代码。if 语句的代码段只有"执行"与"跳过"两种情况。

为帮助大家理解 if 语句的用法，下面使用 if 语句实现判断当天是否为工作日的程序。程序的要求是，用户根据提示输入数字 1～7，程序根据输入的数字进行判断，若数字为 1～5，则判定当天是工作日；若数字为 6、7，则判定当天不是工作日，具体代码如下：

```
1  day = input("今天是工作日吗（请输入整数1~7）？ ")
2  if day in '12345':
3      print("今天是工作日！ ")
4  if day in '67':
5      print("今天非工作日！ ")
```

上述代码中，第 2～3 行代码是一条 if 语句，if 语句的判断条件是 day in '12345'，用于判断变量 day 的值是否存在于字符串'12345'中，若存在则会执行第 3 行代码，输出"今天是工作日！"，否则会跳过第 3 行代码继续向下执行；第 4～5 行代码是一条 if 语句，if 语句的判断条件是 day in '67'，用于判断变量 day 的值是否存在于字符串'67'中，若存在则会执行第 5 行代码，输出"今天非工作日！"，否则会跳过第 5 行代码结束执行。

输入 2 的运行结果如下：

```
今天是工作日吗（请输入整数1~7）？ 2
今天是工作日！
```

输入 7 的运行结果如下：

```
今天是工作日吗（请输入整数1~7）？ 7
今天非工作日！
```

4.2.3　双分支结构：if-else 语句

分析 4.2.2 节中判断当天是否为工作日的程序：如果当天被判定是工作日，那么肯定不需要再判定是不是非工作日，换言之，如果第一条 if 语句的判断条件成立，第 2 条 if 语句根本不需要执行，因为"是工作日"与"非工作日"两者之间存在互斥关系，非此即彼。但事实上无论这个程序的第一条 if 语句的判断条件成立与否，第 2 条 if 语句总是会被判断一次，使程序显得有些冗余。

为了避免程序中出现不必要的分支结构，提高程序的运行效率，此处可以换成双分支结构，双分支结构包含两个分支，这两个分支总是只有一个会被执行。Python 中 if-else 语句用于构造双分支结构，其语法格式如下：

```
if 判断条件:
    代码段 1
else:
    代码段 2
```

以上格式中的 if 子句构成一个分支，else 子句构成另外一个分支，它们所在行与代码段之间通过缩进形成逻辑关联。当执行 if-else 语句时，若 if 子句的判断条件成立，执行 if 子句的代码段 1；若判断条件不成立，执行 else 子句的代码段 2。if-else 语句只有一个判断条件，根据判断条件的结果在两个代码段中选择一个执行。

下面使用 if-else 语句优化 4.2.2 节中判断当天是否为工作日的程序,优化后的程序如下：

```
1  day = input("今天是工作日吗（请输入整数 1～7）？")
2  if day in '12345':
3      print("今天是工作日！")
4  else:
5      print("今天非工作日！")
```

上述代码中，第 2～5 行代码通过 if-else 语句形成双分支结构，其中 if 子句的判断条件是 day in '12345'，用于判断变量 day 的值是否存在于字符串'12345'中。若存在则会执行第 3 行代码，输出"今天是工作日！"，否则执行第 5 行代码，输出"今天非工作日！"。

如果 if-else 语句的代码段只包含简单的表达式或语句，那么该语句可浓缩为更简洁的形式，类似于其他编程语言中三目运算符的形式：

```
表达式 1 if 判断条件 else 表达式 2
```

使用以上形式优化判断当天是否为工作日的程序，优化后的程序如下：

```
day = input("今天是工作日吗（请输入整数 1～7）？")
result = "今天是工作日！" if day in '12345' else "今天非工作日！"
print(result)
```

输入 2 的运行结果如下：

```
今天是工作日吗（请输入整数 1～7）？2
今天是工作日！
```

输入 7 的运行结果如下：

```
今天是工作日吗（请输入整数 1～7）？7
今天非工作日！
```

4.2.4　多分支结构：if-elif-else 语句

4.2.3 节的程序在一定程度上减少了代码冗余，提高了程序运行效率。然而，表面看来程序得到了优化，实际上优化后的程序出现了逻辑问题，那就是只要用户输入的数字不在 1～5，程序总会判定"今天非工作日！"

如此看来，4.2.2 节的程序的第二个判断条件不应该被省略，但能否将 4.2.2 节的程序中并列关系的判断条件改为互斥关系的呢？答案是肯定的，该程序可以换成多分支结构，多分支结构可连接多个判断条件，产生多个分支，但各个分支间存在互斥关系，最终有一个分支被执行。Python 中 if-elif-else 语句用于构造多分支结构，其语法格式如下：

```
if 判断条件 1:
    代码段 1
elif 判断条件 2:
    代码段 2
…
elif 判断条件 n:
    代码段 n
else:
    代码段 n+1
```

if、elif、else、":"和代码段前的缩进都是语法的一部分，if 子句、每一条 elif 子句和 else 子句都是一个分支，其后的代码段通过缩进与其产生逻辑联系。当执行 if-elif-else 语句时，先判断 if 子句中的判断条件 1，若成立则执行代码段 1 后跳出分支结构；若不成立则继续判断 elif 子句中的判断条件 2，若成立则执行代码段 2 后跳出分支结构；若不成立则继续判断下一条 elif 子句中的判断条件，若所有 elif 子句的判断条件都不成立，执行 else 子

句之后的代码段 $n+1$。if-elif-else 语句的执行程序流程图如图 4-6 所示。

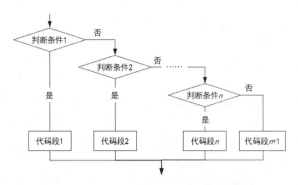

图4-6 if-elif-else语句的执行程序流程图

下面使用 if-elif-else 语句优化判断当天是否为工作日的程序，优化后的程序如下：

```
day = input("今天是工作日吗（请输入整数 1~7）? ")
if day in '12345':
    print("今天是工作日!")
elif day in '67':
    print("今天非工作日!")
else:
    print("输入有误!")
```

以上代码根据用户的输入进行判断，若输入 1~5 的数字，提示当天是工作日；若输入 6、7，提示当天非工作日；若输入其他内容，提示输入有误。

输入 2 的运行结果如下：

```
今天是工作日吗（请输入整数 1~7）? 2
今天是工作日!
```

输入 7 的运行结果如下：

```
今天是工作日吗（请输入整数 1~7）? 7
今天非工作日!
```

输入 8 的运行结果如下：

```
今天是工作日吗（请输入整数 1~7）? 8
输入有误!
```

多分支结构中判断条件较多，各分支之间有互斥关系，每个多分支结构中只有一段代码会被执行，但判断条件可能存在包含关系，此时需要注意判断条件的先后顺序。假设现在有一个这样的程序，根据输入的百分制成绩输出由 A~E 表示的五分制成绩，具体代码如下：

```
score = int(input("请输入百分制成绩: "))
if score > 60:
    grade = "D"
elif score > 70:
    grade = "C"
elif score > 80:
    grade = "B"
elif score > 90:
    grade = "A"
else:
    grade = "E"
```

```
print("五分制成绩是：{}".format(grade))
```

以上程序依次将 60、70、80、90 作为成绩的临界点，若百分制成绩高于 60，五分制
成绩为 D；若百分制成绩高于 70，五分制成绩为 C；以此类推。

运行代码，输入百分制成绩 75，结果如下：

```
请输入百分制成绩：75
五分制成绩是：D
```

观察运行结果可知，运行结果不符合预期，这显然是因为代码的逻辑存在问题。分析
代码可知，高于 70、80、90 的成绩必然高于 60，因此只要输入的成绩高于 60，程序总是
执行 if 子句的代码段，输出的五分制成绩总是 D。为了解决这个问题，此时需要修正程序
逻辑，将成绩高的子句前置，修改后的程序如下：

```
score = int(input("请输入百分制成绩："))
if score > 90:
    grade = "A"
elif score > 80:
    grade = "B"
elif score > 70:
    grade = "C"
elif score > 60:
    grade = "D"
else:
    grade = "E"
print("五分制成绩是：{}".format(grade))
```

以上程序通过调整判断条件的先后顺序修正了逻辑。当然也可以修改判断条件，使用
更严格的条件来修正程序，修正后的程序如下：

```
score = int(input("请输入百分制成绩："))
if 60 < score <= 70:
    grade = "D"
elif 70 < score <= 80:
    grade = "C"
elif 80 < score <= 90:
    grade = "B"
elif 90 < score <= 100:
    grade = "A"
else:
    grade = "E"
print("五分制成绩是：{}".format(grade))
```

综上可知，判断条件是分支结构的核心，判断结果决定了程序的执行情况。因此，使
用分支结构时应着重注意判断条件，程序编写完成后亦应进行测试，以保证程序能够实现
预期的功能。

4.2.5 分支嵌套

虽然程序在接收用户输入时给出了友好提示"今天是工作日吗（请输入整数 1~7）？"，
但用户操作时难免会输入 1~7 以外的数据。实际开发中通常会在开始判断之前，先检查用
户输入的内容，以保证输入符合预期。此时将会用到分支嵌套。

分支结构可以包含分支结构，此种情况称为分支嵌套。分支嵌套的语法格式如下：

```
if 判断条件 1:                          # 外层分支
    代码段 1
    if 判断条件 2:                      # 内层分支
        代码段 2
        ...
    代码段 3
...
```

以上语法格式中内层分支的 if 子句与外层分支的代码段 1、代码段 3 有相同的缩进，代码段 1、代码段 3 可以为空。当执行分支嵌套时，若外层分支 if 子句的判断条件 1 成立，执行代码段 1，并对内层分支 if 子句的判断条件 2 进行判断，若判断条件 2 成立则执行代码段 2，否则跳出内层分支；若判断条件 1 不成立，则既不执行代码段 1，也不对内层分支 if 子句的判断条件 2 进行判断，具体执行程序流程图如图 4-7 所示。

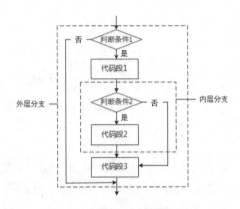

图4-7　分支嵌套执行程序流程图

使用分支嵌套优化 4.2.4 节的程序，具体代码如下：

```
day = input("今天是工作日吗（请输入整数 1～7）？")
if day in '1234567':
    if day in '12345':
        print("今天是工作日!")
    else:
        print("今天非工作日!")
else:
    print("输入有误!")
```

以上代码先对用户输入的内容进行判断，限定内层分支只能对 1～7 的数字进行判断，否则提示输入有误。

总而言之，各种分支结构都可以嵌套使用，但过多的嵌套会导致程序逻辑混乱，降低程序的可读性，增加程序维护的难度，因此应仔细梳理程序逻辑，避免多层嵌套。

4.3　循环结构

Python 中 while 语句和 for 语句这两种语句，分别用于实现条件循环和遍历循环。本节将对这两种语句分别进行讲解。

4.3.1 条件循环：while 语句

while 语句用于实现条件循环，条件循环主要根据条件决定是否进入循环，执行循环内的代码段，但无法确定可能执行的次数。while 语句的语法格式如下：

```
while 循环条件:
    代码段
```

当程序执行 while 语句时，若循环条件成立，执行之后的代码段。代码段执行完成后再次判断循环条件，如此往复，直到循环条件不成立时，终止循环。

例如，使用 while 语句实现计算 n 的阶乘，完整代码如下：

```
1  n = int(input("请输入一个整数: "))
2  fact = 1
3  i = 1
4  while i <= n:
5      fact = fact * i
6      i = i + 1
7  print("n!={}".format(fact))
```

上述代码中，第 4~6 行代码是通过 while 语句实现的循环结构，其中通过条件 "i<=n" 控制循环，通过语句 fact=fact*i 实现阶乘计算，通过语句 i=i+1 累加循环因子 i。当 i<=n 不成立时，n 的阶乘计算完毕，结束循环，输出阶乘计算结果。假设 n 的值为 5，循环结构的执行过程具体如下。

① i=1，i<=n 成立，第 1 次执行循环内的代码段，fact 的值为 1，i 的值变成 2。

② i=2，i<=n 成立，第 2 次执行循环内的代码段，fact 的值变成 2，i 的值变成 3。

③ i=3，i<=n 成立，第 3 次执行循环内的代码段，fact 的值变成 6，i 的值变成 4。

④ i=4，i<=n 成立，第 4 次执行循环内的代码段，fact 的值变成 24，i 的值变成 5。

⑤ i=5，i<=n 成立，第 5 次执行循环内的代码段，fact 的值变成 120，i 的值变成 6。

⑥ i=6，i<=n 不成立，结束循环。

运行代码，输入整数 5，结果如下所示：

```
请输入一个整数: 5
n!=120
```

Python 的 while 语句也支持使用关键字 else 产生分支，语法格式如下：

```
while 循环条件:
    代码段 1
else:
    代码段 2
```

以上格式中，else 语句后面的代码段 2 只在循环正常执行结束后才会执行，一般代码段 2 为循环执行情况的说明性语句。下面以计算 n 的阶乘的程序为例，演示 while 语句与 else 语句的联合用法，示例如下：

```
n = int(input("请输入一个整数: "))
fact = 1
i = 1
while i <= n:
    fact = fact * i
    i = i + 1
else:
```

```
    print("计算完成，循环正常结束")
print("n!={}".format(fact))
```

运行代码，输入整数 5，结果如下所示：

```
请输入一个整数: 5
计算完成，循环正常结束
n!=120
```

需要注意的是，若 while 语句的循环条件总是成立，则循环将一直执行，这种情况被称为无限循环，也叫作死循环。初学者在使用 while 循环时很容易忘记更改循环因子 i 的值，例如遗漏上述代码中更改循环因子的语句"i = i + 1"，此时将无法结束循环。

在实际开发中，有些程序不需要终止循环，比如游戏的主程序、操作系统中的监控程序等，但无限循环会占用大量内存，如无必要，程序中不应出现无限循环，以免影响程序和系统的性能。

4.3.2　遍历循环：for 语句

Python 中 for 语句用于实现遍历循环。遍历循环是指在循环中完成对目标对象的遍历，其中遍历是指逐个访问目标对象中的数据，例如逐个访问字符串中的字符。for 语句的语法格式如下：

```
for 临时变量 in 目标对象:
    代码段
```

以上格式中目标对象可以是字符串、文件、range()函数或后续章节中将会学习的组合数据等；临时变量用于保存本次循环中访问到的目标对象的数据；循环的执行次数取决于目标对象中数据的个数。

使用 for 语句遍历字符串，并逐个输出字符串中的字符，具体代码如下：

```
string = "人人为我，我为人人"
for c in string:
    print(c)
```

运行代码，结果如下所示：

```
人
人
为
我
，
我
为
人
人
```

此外，for 语句还经常与 range()函数搭配使用，用于控制循环中代码段的执行次数。range()函数用于生成一个可迭代对象，该对象包含一组连续的或者有规律的整数，其语法格式如下：

```
range(start=0, stop, step=1])
```

range()函数中的各参数说明如下。

- start：表示起始值，若不指定该参数，则默认的起始值是 0。
- stop：表示结束值，但整数范围不包括该值。
- step：表示步长，该参数可以省略，此时步长默认为 1，例如 range(0,5)等价于 range(0,5,1)。

需要说明的是，如果直接输出 range()函数返回的可迭代对象，则无法显示该对象中包含的所有整数。不过可以先将该对象转换为列表后再进行输出，这样便可以清晰地了解该对象中的整数情况。

使用 for 语句搭配 range()函数，输出字符串中的每个字符，具体代码如下：

```python
string = "人人为我，我为人人"
for i in range(len(string)):        # 通过 range()函数生成整数列表
    print(string[i])
```

运行代码，结果如下所示：

```
人
人
为
我
，
我
为
人
人
```

与 while 语句类似，for 语句也能与关键字 else 搭配使用，语法格式如下：

```python
for 临时变量 in 目标对象:
    代码段 1
else:
    代码段 2
```

上述格式中 else 语句之后的代码同样只在循环正常结束之后才执行，因此代码段 2 一般用于说明循环的执行情况。示例如下：

```python
string = "人人为我，我为人人"
for i in range(len(string)):
    print(string[i])
else:
    print("循环正常结束")
```

运行代码，结果如下所示：

```
人
人
为
我
，
我
为
人
人
循环正常结束
```

4.3.3　实例：天天向上的力量

一年有 365 天，以第 1 天的能力值为基数，记作 1.0。当一个人好好学习一天，能力值相比前一天提高 9‰；当一个人一天没有学习，他会受到遗忘因素的影响导致能力值下降，能力值相比前一天下降 9‰。请问，一个人努力一年的能力值是放任一年的能力值的多少倍？

要想回答上面的问题，我们需要知道一个人努力一年后的能力值与一个人放任一年后的能力值，有了这两个能力值之后再计算它们的商。本实例的实现思路如下。

（1）定义两个变量，分别用于保存努力的能力值和放任的能力值，它们的初始值都为 1.0。

（2）通过 while 语句实现循环结构，该结构用于重复计算一个人努力 days 天后的能力值和放任 days 天后的能力值。由于 days 的取值范围为 1～365，所以这里可以将 days 的初始值设置为 365，将循环结构的循环条件设置为 days 大于 0。

（3）在循环内部计算努力的能力值和放任的能力值。

下面按照上述思路编写代码，实现天天向上的力量程序，具体代码如下：

```python
hard_capability_value = 1.0       # 努力的能力值
free_capability_value = 1.0       # 放任的能力值
days = 365
while days > 0:
    hard_capability_value += hard_capability_value * 0.009
    free_capability_value -= free_capability_value * 0.009
    days -= 1
print(f"努力一年后，能力值为：{hard_capability_value}")
print(f"放任一年后，能力值为：{free_capability_value}")
print("努力一年的能力值是放任一年的 %.2f 倍"%(hard_capability_value /
                                free_capability_value))
```

运行代码，结果如下所示：

```
努力一年后，能力值为：26.319381332776164
放任一年后，能力值为：0.036887896198912244
努力一年的能力值是放任一年的 713.50 倍
```

天天向上的力量这个实例启示我们，只要持之以恒地努力，不断积累经验和知识，便可以在工作和生活中获得更多的成长。我们在学习编程的过程中，需要坚定信念和不懈努力，只有这样才能真正提升自己的编程能力。

4.3.4　循环嵌套

循环结构可以包含循环结构，进而实现更为复杂的逻辑，此种情况称为循环嵌套。Python 支持多种形式的循环嵌套，既可以是同一语句互相嵌套，比如 while 语句嵌套 while 语句，也可以是不同语句互相嵌套，比如 while 语句嵌套 for 语句。下面分别对 while 循环嵌套和 for 循环嵌套进行详细介绍。

1．while 循环嵌套

while 循环嵌套是指 while 语句嵌套 while 语句或 for 语句，下面以 while 语句嵌套 while 语句为例介绍 while 循环嵌套，while 循环嵌套的语法格式如下：

```
while 循环条件 1:                    # 外层循环
    代码段 1
    while 循环条件 2:                # 内层循环
        代码段 2
...
```

以上语法格式中内层循环 while 关键字所在行与外层循环的代码段 1 有相同的缩进，代码段 1 可以为空。当执行循环嵌套时，若外层循环的循环条件 1 成立，则执行代码段 1，继续对内层循环的循环条件 2 进行判断，成立则执行代码段 2，不成立则结束内层循环，继续判断外层循环的循环条件 1，如此往复，直至循环条件 1 不成立，结束外层循环。

下面使用 while 循环嵌套输出一个由*构成的直角三角形，示例代码如下：

```
1  i = 1
2  while i < 6:                    # 外层循环，用于控制图形的行数
3      j = 0
4      while j < i:                # 内层循环，用于控制每行*的数量
5          print("*", end='')      # 输出*，指定*后面的结束标记是空
6          j += 1
7      print()                     # 每输出完一行*便换行
8      i += 1
```

上述代码中，第 2 行代码是外层循环，用于控制图形的行数；第 4 行代码是内层循环，用于控制每行*的数量。由于每行的*只需要换行一次，所以第 5 行代码在内层循环通过 print() 函数的 end 参数将结束标志由换行符修改为空。由于嵌套循环的过程比较复杂，这里分解嵌套循环的执行过程，具体如下所示。

第 1 轮外层循环：i=1。

① j=0，由于 j<i 成立，所以执行内层循环的代码段，输出*，j 的值变成 1。

② j=1，由于 j<i 不成立，所以结束内层循环，换行，i 的值变成 2。

第 2 轮外层循环：i=2。

① j=0，由于 j<i 成立，所以执行内层循环的代码段，输出*，j 的值变成 1。

② j=1，由于 j<i 成立，所以执行内层循环的代码段，输出*，j 的值变成 2。

③ j=2，由于 j<i 不成立，所以结束内层循环，换行，i 的值变成 3。

第 3 轮外层循环：i=3。

① j=0，由于 j<i 成立，所以执行内层循环的代码段，输出*，j 的值变成 1。

② j=1，由于 j<i 成立，所以执行内层循环的代码段，输出*，j 的值变成 2。

③ j=2，由于 j<i 成立，所以执行内层循环的代码段，输出*，j 的值变成 3。

④ j=3，由于 j<i 不成立，所以结束内层循环，换行，i 的值变成 4。

第 4 轮外层循环：i=4。

① j=0，由于 j<i 成立，所以执行内层循环的代码段，输出*，j 的值变成 1。

② j=1，由于 j<i 成立，所以执行内层循环的代码段，输出*，j 的值变成 2。

③ j=2，由于 j<i 成立，所以执行内层循环的代码段，输出*，j 的值变成 3。

④ j=3，由于 j<i 成立，所以执行内层循环的代码段，输出*，j 的值变成 4。

⑤ j=4，由于 j<i 不成立，所以结束内层循环，换行，i 的值变成 5。

第 5 轮外层循环：i=5。

① j=0，由于 j<i 成立，所以执行内层循环的代码段，输出*，j 的值变成 1。

② j=1，由于 j<i 成立，所以执行内层循环的代码段，输出*，j 的值变成 2。

③ j=2，由于 j<i 成立，所以执行内层循环的代码段，输出*，j 的值变成 3。

④ j=3，由于 j<i 成立，所以执行内层循环的代码段，输出*，j 的值变成 4。

⑤ j=4，由于 j<i 成立，所以执行内层循环的代码段，输出*，j 的值变成 5。

⑥ j=5，由于 j<i 不成立，所以结束内层循环，换行，i 的值变成 6。

运行代码，结果如下所示：

```
*
**
***
****
*****
```

2. for 循环嵌套

for 循环嵌套是指 for 语句嵌套 while 或 for 语句。下面以 for 语句嵌套 for 语句为例介绍 for 循环嵌套，for 循环嵌套的语法格式如下：

```
for 临时变量 in 目标对象:              # 外层循环
    代码段 1
    for 临时变量 in 目标对象:          # 内层循环
        代码段 2
        ...
```

当执行 for 循环嵌套时，首先会访问外层循环中目标对象的首个元素，执行代码段 1，继续访问内层循环目标对象的首个元素，执行代码段 2，然后访问内层循环中的下一个元素，再次执行代码段 2。如此往复，直至访问完内层循环的目标对象的所有元素后结束内层循环，转而继续访问外层循环中的下一个元素，访问完外层循环的目标对象的所有元素后结束外层循环。因此，外层循环每执行一次，都会执行一轮内层循环。

下面使用 for 循环嵌套输出一个由*构成的直角三角形，示例代码如下：

```
for i in range(1, 6):
    for j in range(i):
        print("*", end='')
    print()
```

运行代码，结果如下所示：

```
*
**
***
****
*****
```

4.3.5　循环控制

循环结构在条件满足时可一直执行，但在一些情况下，程序需要终止循环，跳出循环结构。例如某些游戏正在运行时，玩家按 Esc 键，将终止程序主循环，结束游戏。Python 语言中提供了两个关键字 break 和 continue，以实现循环控制。

1. break

关键字 break 用于跳出它所在的循环结构，该关键字通常与 if 语句结合使用，语法格式如下：

```
while 循环条件:
    [代码段 1]
    if 判断条件:
        break
    [代码段 2]
```

```
for 临时变量 in 目标对象:
    [代码段 1]
    if 判断条件:
        break
    [代码段 2]
```

下面以左侧的语法格式为例，介绍循环结构与关键字 break 的执行流程，具体如图 4-8 所示。

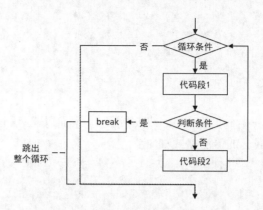

图4-8　循环结构与关键字break的执行流程

修改 4.3.1 节的示例代码，在 while 语句中添加关键字 break，具体代码如下：

```
n = int(input("请输入一个整数："))
fact = 1
i = 1
while i <= n:
    fact = fact * i
    i = i + 1
    if i == 4:
        break                # 使用break跳出整个循环
print("n!={}".format(fact))
```

以上代码在 while 语句中添加了 if 语句，用于对 i 的值进行判断，当 i 的值累加到 4 时，程序跳出整个循环。执行上述代码后，若输入的整数大于 3，计算结果总是等于 3 的阶乘。

修改 4.3.2 节的示例代码，在 for 语句中添加关键字 break，具体代码如下：

```
string = "人人为我，我为人人"
for c in string:
    if c == "，":
        break                # 使用break跳出整个循环
    print(c)
```

以上代码在 for 语句中添加了 if 语句，用于对 c 的值进行判断，当 c 的值等于 "，" 时，程序跳出整个循环。执行上述代码后，当遍历到字符 "，" 时，程序跳出整个循环，最终只输出字符人、人、为、我。

2. continue

关键字 continue 不会使程序跳出整个循环，但会使程序跳出本次循环。该关键字同样通常与 if 语句结合使用，具体语法格式如下：

```
while 循环条件:
    [代码段1]
    if 判断条件:
        continue
    [代码段2]
```

```
for 临时变量 in 目标对象:
    [代码段1]
    if 判断条件:
        continue
    [代码段2]
```

下面以左侧的语法格式为例，介绍循环结构与关键字 continue 的执行流程，具体如图 4-9 所示。

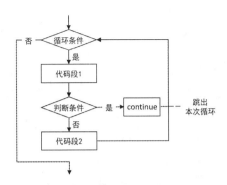

图4-9 循环结构与关键字continue的执行流程

将上个示例中的关键字 break 替换为 continue，完整代码如下：

```
string = "人人为我，我为人人"
for c in string:
    if c == "，":
        continue                    # 使用 continue 跳出本次循环
    print(c)
```

以上代码在遍历到字符"，"时会因 continue 关键字而跳出本次循环，程序最终会输出除"，"之外的其他字符。

运行代码，结果如下所示：

```
人
人
为
我
我
为
人
人
```

4.4 实例：猜数字

猜数字游戏是一个常见的密码破译类、益智类小游戏，通常有两个人参与，并指定猜测次数，一个人设置一个数字，一个人猜数字。当猜数字的人说出一个数字时，由设置数字的人告知是否猜中：若猜测的数字大于设置的数字，设置数字的人提示猜大了；若猜测的数字小于设置的数字，设置数字的人提示猜小了；若猜数字的人在规定的次数内猜中设置的数字，设置数字的人提示猜对了。下面编写程序，实现符合上述规则的猜数字游戏，并限制数字的范围为 1~100，猜数机会只有 5 次。

根据前面描述的游戏规则，可以绘制出猜数字游戏的流程，如图 4-10 所示。

从图 4-10 中可以看出，从设定数字起全部的流程是一个重复猜测数字的流程，此流程可以利用循环结构实现：在循环结构内部有一个嵌套的分支结构，外层分支用于判断猜测数字是否在 1~100 这个范围内，满足条件才会进入内层分支，内层分支包含 3 种情况，分别用于判断猜测数字是否等于、大于或小于设定数字。根据图 4-10 所示的流程，猜数字游戏的实现思路如下。

（1）定义两个变量，分别用于保存用户输入的设定数字和猜测次数，猜测次数的初始值为1。

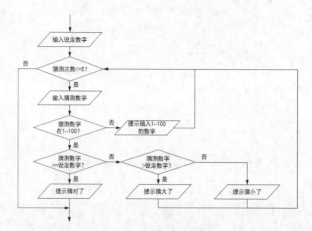

图4-10 猜数字游戏的流程

（2）通过 while 语句实现循环结构，循环结构的循环条件是循环次数小于或等于5。

（3）定义一个变量，用于保存用户输入的猜测数字。

（4）通过 if-else 语句实现外层分支，判断猜测数字是否大于等于 1 且小于等于 100，若是则进入内层分支并控制猜测次数累加，否则输出数字输入不合理的提示信息。

（5）通过 if-elif-else 语句实现内层分支，判断猜测数字是否等于、大于或小于设定数字，并输出相应的提示信息。注意，如果猜测数字等于设定数字，需要使用关键字 break 跳出整个循环。

下面按照上述思路编写代码，实现猜数字游戏的程序，具体代码如下：

```python
setting_num = int(input("请输入设定数字:"))          # 设定数字
guess_count = 1                                      # 猜测次数
while guess_count <= 5:
    guess_num = int(input("请输入猜测数字:"))          # 猜测数字
    if 1 <= guess_num <= 100:
        if guess_num == setting_num:                 # 判断猜测数字与设定数字是否相等
            print("恭喜你，猜对了！已经猜测的次数是: ", guess_count)
            break                                    # 跳出整个循环
        elif guess_num > setting_num:                # 判断猜测数字是否大于设定数字
            print("猜大了！已经猜测的次数是: ", guess_count)
        else:
            print("猜小了！已经猜测的次数是: ", guess_count)
        guess_count = guess_count + 1                # 猜测次数累加一次
    else:
        print("数字输入不合理，请输入 1~100 的数字")
```

运行代码，结果如下所示：

```
请输入设定数字:10
请输入猜测数字:118
数字输入不合理，请输入1~100 的数字
请输入猜测数字:18
猜大了！已经猜测的次数是: 1
请输入猜测数字:8
猜小了！已经猜测的次数是: 2
```

请输入猜测数字:10
恭喜你,猜对了！已经猜测的次数是： 3

4.5 本章小结

本章主要讲解了程序表示方法、分支结构以及循环结构,其中在程序表示方法方面主要介绍了如何使用程序流程图描述程序流程；在分支结构方面主要介绍了程序的单分支结构、双分支结构和多分支结构以及分支嵌套；在循环结构方面主要介绍了条件循环、遍历循环、循环嵌套以及如何通过关键字 break、continue 跳出循环。通过本章的学习,读者可以掌握不同分支结构与循环结构的用法与执行流程,为后续的学习打好扎实的基础。

4.6 习题

1. 使用关键字_____可以跳出循环。
2. 阅读下面的代码：

```
sum = 0
for i in range(100):
    if(i%10):
        continue
    sum = sum + i
print(sum)
```

以上代码的执行结果是_____。

3. 已知 x=10、y=20、z=30；以下语句执行后,x、y、z 的值分别是_____。

```
if x < y:
    z = x
    x = y
    y = z
```

4. 编写程序,接收用户输入的数据,并输出数据的绝对值。

5. 编写程序,输出九九乘法表。

6. 我国古代数学家张丘建在《张丘建算经》中提出了一个著名的"百钱百鸡" 问题:一只公鸡值五钱,一只母鸡值三钱,三只小鸡值一钱,现在要用百钱买百鸡,请问公鸡、母鸡、小鸡各多少只？通过编写程序回答以上问题。

7. 回文数指的是从左向右读与从右向左读都相同的数,例如,数字 1221 从左向右读和从右向左读都是 1221,所以 1221 就是一个回文数。编写程序判断用户输入的 4 位整数是否为回文数。

8. 只能由 1 和它本身整除的整数称为素数；若一个素数从左向右读与从右向左读是相同的数,则该素数为回文素数。编写程序,求解 2～1000 的所有回文素数。

9. 若一个三位数的每一位数字的 3 次幂之和都等于它本身,则这个三位数是水仙花数。例如 153 是水仙花数,各位数字的立方和为 $1^3 + 5^3 + 3^3 = 153$。编写程序,求解所有的三位数水仙花数。

10. 已知某公司有一批销售员工,其底薪为 2000 元,员工销售额与提成比例如下:
（1）当销售额≤3000 元时,没有提成；

（2）当 3000 元<销售额≤7000 元时，提成比例为 10%；

（3）当 7000 元<销售额≤10000 元时，提成比例为 15%；

（4）当销售额>10000 元时，提成比例为 20%。

要求编写程序，通过员工的销售额计算并输出员工的薪水总额。

第 5 章

组合数据类型

随着大数据时代的到来，计算机在实际应用中需要批量处理相互联系的复杂数据，例如，班级学生的基本信息和各科成绩等。为了有效地处理这些数据，Python 提供了组合数据。通过这些数据可以同时处理一组数据，简化了开发人员的工作，同时又大大提高了程序的运行效率。本章将全面介绍 Python 中的组合数据类型。

5.1 组合数据类型概述

组合数据能够将多个相同类型或者不同类型的数据组织起来，以便统一对数据进行相应的操作。根据数据组织方式的不同，Python 中组合数据类型可以分成三类，分别是序列类型、集合类型和映射类型。接下来，分别对这三种类型进行介绍。

1. 序列类型

序列来源于数学概念中的数列。数列是按一定顺序排成一列的一组数，每个数称为数列的项，排在第 1 位的数称为数列的第 1 项，排在第 2 位的数称为数列的第 2 项，以此类推，排在第 n 位的数称为这个数列的第 n 项。存储 n 项的数列 $\{a_n\}$ 的定义如下：

$$\{a_n\} = a_0, a_1, a_2, \ldots$$

观察数列可知，数列的索引从 0 开始。通过索引 i 可以访问数列中的第 $i+1$ 项，例如通过索引 1 可获取数列 $\{a_n\}$ 中的第 2 项，即 a_1。

序列在数列的基础上进行了拓展，它能够存储一组排列有序的元素，每个元素的类型可以不同，通过索引可以访问序列中指定位置的元素。序列支持双向索引，包括正向索引和逆向索引，如图 5-1 所示。

图5-1　序列的双向索引

图 5-1 中，正向索引从左向右依次递增，序列中第一个元素的索引为 0，第二个元素的索引为 1，以此类推；逆向索引从右向左依次递减，序列中最后一个元素的索引为 -1，倒数第二个元素的索引为 -2，以此类推。

Python 中的序列主要有 3 种，分别是字符串、元组和列表，其中字符串和元组是不可变的序列，创建好以后不可以进行任何修改；列表是可变的序列，使用相对更加灵活。字符串已在第 3 章中讲解过，列表和元组将在 5.2 节做详细讲解。

2. 集合类型

数学中的集合是指具有某种特定性质的对象汇总而成的集体，其中构建集合的这些对象称为该集合的元素。例如，成年人集合中的每一个元素都是已满 18 周岁的人。集合中的元素具有 3 个特征，具体如下。

① 确定性：给定一个集合，那么任何一个元素是否在集合中就确定了。例如，地球的四大洋构成一个集合，其内部的元素即太平洋、大西洋、印度洋、北冰洋是确定的。

② 互异性：集合中的元素互不相同，即每个元素只能出现一次。

③ 无序性：集合中的元素没有顺序，元素相同的集合可视为同一集合。

Python 中的集合与数学中的集合概念一致，也具备以上 3 个特征，它用于存储一组元素，元素必须唯一，但元素可以是无序的。另外，Python 要求放入集合中的元素必须是不可变类型的，例如整数、浮点数、复数、布尔值、字符串和元组，这些都可以作为集合元素出现，列表、字典及集合都是可变类型的，这些都不可以作为集合元素出现。关于集合的使用会在 5.4 节做详细讲解。

3. 映射类型

映射是一种用于存储元素的数据结构，每个元素都是键值对的形式，其中值为实际存储的数据，键为查找数据时使用的关键字。键值对中的键与值之间存在映射关系，我们使用键可以快速地获取其对应的值。在数学中，我们把两个非空集合 A、B 通过某种确定的对应法则 f 关联起来，使集合 A 中的元素都与集合 B 中对应的元素相关联，这个对应法则 f 就被看作 A 到 B 的映射。映射中，每个键与其唯一对应的值之间存在一种单向关联，如

图 5-2 所示。

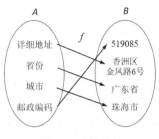

图5-2　映射示意

在 Python 中，字典是一种映射类型的数据结构，字典的键必须遵守以下两个原则。

① 每个键只能对应一个值，不允许同一个键在字典中重复出现。

② 字典中的键是不可变类型的。

对字典的概念，我们会在 5.5 节做进一步讲解。

5.2　列表与元组

5.2.1　切片

切片是指对序列截取其中一部分的操作。切片的语法格式如下：

```
序列[起始索引:结束索引:步长]
```

上述格式中，起始索引和结束索引用于给定切片截取的范围。该范围属于左闭右开的区间，即包含起始索引，不包含结束索引本身；步长用于指定切片操作每次跳过的元素数量，它的取值可以是正整数和负整数，默认值为 1，即每次取一个元素。这里借用一个形象的例子解释切片，我们把索引比作一把"刀"，在开始索引和结束索引的位置"切下"，"切下"的元素就是这个范围内的元素。

下面分步长为正整数和步长为负整数这两种情况介绍切片的基本用法，具体内容如下。

1.　步长为正整数

当切片的步长为正整数时，会按照从左到右的顺序截取元素，每隔"步长–1"个元素进行一次截取。需要注意的是，起始索引应该小于结束索引，否则切片截取的结果为空字符串。下面以字符串为例，演示使用切片截取字符串时步长为正整数的情况，示例如下：

```
words = '敏而好学不耻下问'
print(words[1:6])    # 没指定步长，默认值为1
print(words[1:6:2])  # 指定步长为2
print(words[6:1:2])  # 起始索引大于结束索引，指定步长为2
```

运行代码，结果如下所示：

```
而好学不耻
而学耻
```

从输出结果可以看出，程序最后一次使用切片操作字符串后，截取的结果是一个空字符串。之所以出现这种情况是因为起始索引大于结束索引，切片没有截取到任何字符。

为了帮助大家理解切片的操作过程，下面通过图形描述以上示例中前两个切片操作的过程，示意图如图 5-3 所示。

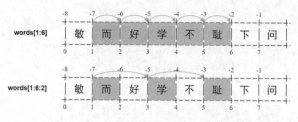

图5-3　切片示意图——步长为正整数

2. 步长为负整数

当切片的步长为负整数时，会按照从右到左的顺序截取元素，每隔"步长–1"个元素进行一次截取。需要注意的是，起始索引应该大于结束索引，否则切片截取的结果为空字符串。下面以字符串为例，演示使用切片截取字符串时步长为负整数的情况，示例如下：

```
words = '敏而好学不耻下问'
print(words[6:1:-1])    # 指定步长为-1
print(words[6:1:-2])    # 指定步长为-2
print(words[1:6:-2])    # 起始索引小于结束索引，指定步长为-2
```

运行代码，结果如下所示：

```
下耻不学好
下不好
```

从输出结果可以看出，程序最后一次使用切片操作字符串后，截取的结果是一个空字符串。之所以出现这种情况是因为起始索引小于结束索引，切片没有截取到任何字符。

为了帮助大家理解切片的操作过程，下面通过图形描述以上示例中前两个切片操作的过程，示意图如图 5-4 所示。

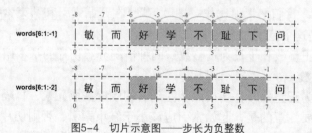

图5-4　切片示意图——步长为负整数

5.2.2　列表

Python 中的列表是可变的序列，它没有长度的限制，可以存储任意类型的元素。列表的长度和元素都是可变的，开发人员可以通过各种方式自由地操作列表中的元素，例如，添加元素、删除元素、修改元素。接下来，介绍一些常见的列表操作，具体内容如下。

1. 创建列表

列表字面量是比较简单的创建列表的方式，它直接采用中括号的形式包含零个、一个或多个元素，各元素之间使用英文逗号分隔，示例如下：

```
[]                      # 创建空列表，列表中没有任何元素
[1, 10, 55, 20, 6]      # 创建列表，每个元素的类型均为整型
```

```
[10, 'word', True, 3.1415] # 创建列表，每个元素的类型均不同
```

此外，通过 list()函数可以根据已有的元组、字符串或其他组合类型的数据创建列表。如果没有给该函数传入任何组合类型的数据，那么会创建一个空列表，示例如下：

```
str_demo = '破釜沉舟'
print(list(str_demo))                # 根据字符串创建列表
tuple_demo = (1, 3, 5, 7, 9)
print(list(tuple_demo))              # 根据元组创建列表
print(list())                        # 创建空列表
```

运行代码，结果如下所示：

```
['破', '釜', '沉', '舟']
[1, 3, 5, 7, 9]
[]
```

2. 遍历列表

使用 for 语句可以循环对列表中的元素进行遍历操作，示例如下：

```
list_demo = list('破釜沉舟')
for char in list_demo:     # 利用循环遍历列表的全部元素
    print(char)
```

运行代码，结果如下所示：

```
破
釜
沉
舟
```

3. 修改列表中的元素

在 Python 中，可以使用索引或切片访问或修改列表中的元素，还可以直接使用运算符"+="将一个列表中的元素添加到另一个列表的末尾。使用索引或切片操作列表时，如果不对列表中的元素进行赋值操作，那么会根据索引或切片访问相应元素的值或者截取部分元素；如果对列表中的元素进行赋值操作，那么会将相应的元素值修改为新赋的值。示例如下：

```
nums = [11, 22, 33]
nums[0] = 55             # 通过索引获取索引 0 对应的元素，并重新给元素赋值
print(nums)
nums[0:2] = [0, 1]       # 通过切片获取索引 0、1 对应的元素，并重新给这两个元素赋值
print(nums)
other_nums = [5, 6]
nums += other_nums       # 通过运算符"+="向 nums 列表中添加 other_nums 列表中的元素
print(nums)
```

以上代码中首先创建了一个列表 nums，该列表中从左到右的元素依次是 11、22 和 33；然后将列表中索引 0 对应元素的值修改为 55，将索引 0、1 对应元素的值分别修改为 0 和 1，因为要修改的元素个数与被修改的元素个数相同，所以列表 nums 的长度没有发生变化；最后给列表 nums 添加了另一个列表 other_nums 中的元素，此时列表 nums 的长度发生变化。

运行代码，结果如下所示：

```
[55, 22, 33]
[0, 1, 33]
[0, 1, 33, 5, 6]
```

需要注意的是，当使用另一个列表来对一个列表中的多个元素进行修改时，Python 并

不要求这两个列表的长度相同，但需要遵循"多增少减"的原则。示例如下：

```
nums = [11, 22, 33]
nums[0:2] = [0]              # 列表[0]的长度小于 nums[0:2]截取结果的长度
print(nums)
nums[0:2] = [10, 20, 30] # 列表[10, 20, 30]的长度大于 nums[0:2]截取结果的长度
print(nums)
```

以上代码中首先创建了一个列表 nums，该列表中总共有 3 个元素；然后通过 nums[0:2] 获取索引 0、1 对应的元素，重新给元素赋值为列表[0]中的元素的值，由于列表[0]的长度小于截取结果的长度，所以会减小列表 nums 的长度；最后通过 nums[0:2] 再次获取索引 0、1 对应的元素，重新给元素赋值为列表[10, 20, 30]中的元素的值，由于列表[10, 20, 30]的长度大于截取结果的长度，所以会增大列表 nums 的长度。

运行代码，结果如下所示：

```
[0, 33]
[10, 20, 30]
```

4. 其他操作

Python 针对列表提供了一些函数或方法，以便开发人员能够轻松地操作列表的元素，具体如表 5-1 所示。

表 5-1   列表相关的函数或方法

函数/方法	功能说明
len(s)	计算列表 s 的长度或元素个数
min(s)	返回列表 s 中的最小元素
max(s)	返回列表 s 中的最大元素
list.append()	在列表的末尾添加元素
list.extend()	在列表中添加另一列表的元素，功能等同于+=
list.insert(i)	在列表中索引为 i 的元素之前插入元素
list.pop(i)	取出并删除列表中索引为 i 的元素
list.remove()	删除列表中第一次出现的元素
list.reverse()	将列表中的元素反转
list.clear()	删除列表中的所有元素
list.copy()	生成新列表，并复制列表中的所有元素
list.sort(key, reverse)	将列表中的元素排序。该方法有两个参数，其中参数 key 用于指定排序时的比较方式，默认使用列表的元素进行比较；参数 reverse 用于指定列表中的元素的排序方式，默认值为 False，表示按照升序方式排列列表中的元素

下面通过示例演示表 5-1 中部分方法的使用，具体代码如下：

```
nums = [0, 5, 10, 33, 8, 19, 25, 6]
nums.append(2)          # 在列表末尾添加元素 2
print(nums)
nums.insert(2, 22)      # 在列表中索引为 2 的元素的前面插入元素 22
print(nums)
nums.remove(33)         # 删除列表中指定的元素 33
print(nums)
nums.reverse()          # 将列表中的元素反转
print(nums)
```

```
nums.sort()              # 将列表中的元素按升序排序
print(nums)
nums.clear()             # 删除列表中的所有元素
print(nums)
```

运行代码，结果如下所示：

```
[0, 5, 10, 33, 8, 19, 25, 6, 2]
[0, 5, 22, 10, 33, 8, 19, 25, 6, 2]
[0, 5, 22, 10, 8, 19, 25, 6, 2]
[2, 6, 25, 19, 8, 10, 22, 5, 0]
[0, 2, 5, 6, 8, 10, 19, 22, 25]
[]
```

5.2.3　列表推导式

列表推导式是符合 Python 语法规则的复合表达式，它能简洁地根据已有的列表构建满足特定需求的新列表。列表推导式的基本语法格式如下：

```
[表达式 for 临时变量 in 目标对象]
```

以上格式由表达式及其后面的 for 语句组成，其中表达式用于在每次循环中对临时变量进行运算，并将运算后的结果加到新列表中；for 语句用于遍历目标对象，并将每次遍历访问到的元素赋给临时变量。

例如，通过列表推导式构建新列表，新列表中的元素是其他列表中每个元素的平方，示例代码如下：

```
ls = [1, 2, 3, 4, 5, 6, 7, 8]
new_ls = [temp * temp for temp in ls]    # 通过列表推导式构建新列表
print(new_ls)
```

运行代码，结果如下所示：

```
[1, 4, 9, 16, 25, 36, 49, 64]
```

除了上面介绍的基本格式，列表推导式还可以结合 if、if-else 语句或 for 嵌套循环构成比较复杂的列表推导式，进而更灵活地生成列表，下面对一些复杂的列表推导式进行介绍。

1. 带 if 语句的列表推导式

在基本列表推导式的 for 语句之后添加一条 if 语句，就组成了带 if 语句的列表推导式，其语法格式如下：

```
[表达式 for 临时变量 in 目标对象 if 判断条件]
```

以上列表推导式的执行过程是，遍历目标对象，将访问到的元素赋给临时变量，若临时变量的值符合判断条件，则按表达式对其进行运算，并将运算后的结果添加到新列表中。

例如，通过带 if 语句的列表推导式构建新列表，新列表中只保留列表 ls 中大于 4 的元素，具体代码如下：

```
new_ls = [temp for temp in ls if temp > 4]
print(new_ls)
```

运行代码，结果如下所示：

```
[5, 6, 7, 8]
```

2. 带 if-else 语句的列表推导式

在基本列表推导式的 for 语句之前添加一条 if-else 语句，就组成了带 if-else 语句的列表推导式，其语法格式如下：

```
[表达式 1 if 判断条件 else 表达式 2 for 临时变量 in 目标对象]
```

以上列表推导式的执行过程是，遍历目标对象，将访问到的元素赋给临时变量。若临时变量的值符合判断条件，则按表达式 1 对其进行运算；否则按表达式 2 对其进行运算，并将运算后的结果添加到新列表中。

例如，通过带 if-else 语句的列表推导式构建新列表，新列表中保留列表 ls 中值为偶数的元素，以及值为奇数时加 1 的结果，具体代码如下：

```
new_ls = [temp if temp % 2 == 0 else temp + 1 for temp in ls]
print(new_ls)
```

运行代码，结果如下所示：

```
[2, 2, 4, 4, 6, 6, 8, 8]
```

3. 带 for 循环嵌套的列表推导式

在基本列表推导式的 for 语句之后添加一条 for 语句，就组成了带 for 循环嵌套的列表推导式，其语法格式如下：

```
[表达式 for 临时变量1 in 目标对象1 for 临时变量2 in 目标对象2]
```

以上格式中的 for 语句按从左至右的顺序分别是外层循环和内层循环。利用上述列表推导式可以根据两个目标对象快速生成一个新的列表。例如，取列表 ls_one 和列表 ls_two 中元素的和作为列表 ls_three 的元素，示例代码如下：

```
ls_one = [1, 2, 3]
ls_two = [3, 4, 5]
ls_three = [x + y for x in ls_one for y in ls_two]
print(ls_three)
```

运行代码，结果如下所示：

```
[4, 5, 6, 5, 6, 7, 6, 7, 8]
```

5.2.4　元组

元组与列表类似，它也由一组按特定顺序排列的元素组成，元素的个数、类型不受限制，但元素不能修改。

Python 中创建元组的方式非常简单，可以直接通过元组字面量创建，元组字面量使用小括号包含零个、一个或多个元素，多个元素之间使用英文逗号分隔。非空元组的括号可以省略，但空元组的括号不能省略。创建元组的示例如下：

```
()                  # 创建空元组
(1, )               # 创建包含一个元素的元组
1,                  # 创建包含一个元素的元组，省略括号
(1, 2, 3)           # 创建包含多个元素的元组
1, 2, 3             # 创建包含多个元素的元组，省略括号
```

此外，使用 tuple() 函数可以根据已有的列表、字符串或其他组合类型的数据创建元组。如果没有给 tuple() 函数传入任何组合类型的数据，那么会创建一个空元组，示例如下：

```
str_demo = '破釜沉舟'
print(tuple(str_demo))              # 根据字符串创建元组
list_demo = [1, 3, 5, 7, 9]
print(tuple(list_demo))             # 根据列表创建元组
print(tuple())                      # 创建空元组
```

元组在表达固定数据、多变量同步赋值、循环遍历、函数多返回值等情况下是十分有用的，例如：

```
color = (255, 0, 0)      # 使用元组表示 RGB 颜色值
```

```
print(color)
x, y = (10, 20)                                    # 多个变量同步赋值
print(x, y)
for x, y in ((10, 20), (11, 21), (12, 22)):        # 循环遍历元组
    print(x, y)
```

运行代码，结果如下所示：

```
(255,0,0)
10 20
10 20
11 21
12 22
```

5.3 实例：垃圾分类

垃圾分类是一项重要的环保行动，它有助于减少垃圾数量，保护环境和节约资源。垃圾分类不仅是一项环保行动，更是一种社会责任和道德行为。通过垃圾分类，我们可以更好地了解垃圾的来源和处理方式，共同保护环境和节约资源。"绿水青山就是金山银山"，绿水青山不仅是自然财富和生态财富，更是社会财富和经济财富。因此，积极参与垃圾分类并将其作为一种生活方式，共同推动可持续发展，为建设美丽中国贡献自己的力量是我们每个人都应该做的事。

根据垃圾的属性，可将垃圾分为可回收物、厨余垃圾、有害垃圾和其他垃圾，垃圾种类及名称如表 5-2 所示。

表 5-2 垃圾种类及名称

垃圾种类	名称
可回收物	废纸、塑料瓶、塑料桶、易拉罐、金属元件、玻璃瓶、废旧衣物、废弃家具、旧数码产品、旧家电
厨余垃圾	食材废料、剩菜、剩饭、瓜果皮核、蛋壳、茶渣、细小骨头、过期食品
有害垃圾	废电池、废灯管、消毒棉棒、废油漆、过期药品、过期化妆品
其他垃圾	砖瓦灰土、餐巾纸、保鲜膜

假设小明周末聚餐后，产生的垃圾包括废纸、塑料瓶、食材废料、餐巾纸，现要将产生的垃圾分类投入垃圾桶，请编写程序，帮助小明完成垃圾的分类工作。

根据前面的描述可知，我们需要对废纸、塑料瓶、食材废料、餐巾纸这几种垃圾进行分类，实现思路具体如下。

（1）定义一个变量，用于保存待分类的垃圾名称。因为待分类的垃圾名称有多个，所以此处可以利用列表保存待分类的垃圾名称。

（2）定义一个变量，用于保存不同种类的垃圾名称。因为每个种类下有多个垃圾，且它们的名称是固定不变的，所以此处利用 4 个元组分别保存每个种类下的垃圾的名称。

（3）判断垃圾的种类。这里可以使用 for 语句遍历待分类垃圾的列表，取出每个垃圾名称，依次使用运算符 in 判断垃圾名称是否在元组中，若存在，则输出该垃圾的所属分类。

下面按照上述思路编写代码，实现垃圾分类的程序，具体代码如下：

```
waste_list = ['废纸', '塑料瓶', '食材废料', '餐巾纸']
# 可回收物
recyclable = ('废纸', '塑料瓶', '塑料桶', '易拉罐', '金属元件', '玻璃瓶',
```

```
                    '废旧衣物', '废弃家具', '旧数码产品', '旧家电')
# 厨余垃圾
kitchen_waste = ('食材废料', '剩菜', '剩饭',
                    '瓜果皮核','蛋壳', '茶渣', '细小骨头', '过期食品')
# 有害垃圾
harmful_waste = ('废电池', '废灯管', '消毒棉棒', '废油漆',
                    '过期药品', '过期化妆品')
# 其他垃圾
other_waste = ('砖瓦灰土', '餐巾纸', '保鲜膜')
for waste in waste_list:
    if waste in recyclable:
        print(f'{waste}是可回收物')
    elif waste in kitchen_waste:
        print(f'{waste}是厨余垃圾')
    elif waste in harmful_waste:
        print(f'{waste}是有害垃圾')
    elif waste in other_waste:
        print(f'{waste}是其他垃圾')
    else:
        print("没有找到所属分类")
```

运行代码，结果如下所示：

```
废纸是可回收物
塑料瓶是可回收物
食材废料是厨余垃圾
餐巾纸是其他垃圾
```

5.4 集合

5.4.1 集合的常见操作

集合是一种用于保存唯一元素的数据，其中元素互不相同，且没有顺序。同一集合中的所有元素必须为不可变数据，如整数、浮点数、字符串以及元组，而不能是可变数据，如列表、字典、集合等。

Python 中创建集合的方式非常简单，可以直接使用集合字面量创建。集合字面量使用大括号包含一个或多个元素，多个元素之间使用英文逗号分隔。创建集合的示例如下：

```
set_demo = {100, 'word', 10.5}  # 创建集合
print(set_demo)
```

运行代码，结果如下所示：

```
{10.5, 100, 'word'}
```

上面创建集合时元素的顺序与输出的集合元素顺序不同，说明集合中的元素是无序的。

此外，还可以使用 set()函数创建集合，可以向该函数传入任何组合类型的数据。如果没有向 set()函数传入任何组合类型的数据，那么会创建一个空元组，例如：

```
str_demo = '破釜沉舟'
set_one = set(str_demo)         # 根据字符串创建集合
print(set_one)
tuple_demo = (13, 15, 17, 19)
set_two = set(tuple_demo)       # 根据元组创建集合
```

```
print(set_two)
set_null = set()                    # 创建空集合
print(set_null)
```

运行代码，结果如下所示：

```
{'舟', '沉', '釜', '破'}
{17, 19, 13, 15}
set()
```

需要注意的是，空集合只能通过 set()函数创建，不能通过集合字面量创建。

集合是可变的数据类型，集合类型数据里面的元素可以动态地增加或删除。接下来，通过一张表罗列集合的常见方法，具体如表 5-3 所示。

表 5-3　集合的常见方法

方法	功能说明
S.add(x)	往集合 S 中添加元素 x（x 不属于 S）
S.remove(x)	若 x 在集合 S 中存在，则删除该元素，若不存在，则会报错
S.discard(x)	若 x 在集合 S 中存在，则删除该元素，若不存在，不会报错
S.pop()	随机返回集合 S 中的一个元素，同时删除该元素。若 S 为空，则会报错
S.clear()	清空集合 S 中的所有元素，使其变成一个空集合
S.copy()	复制集合 S
S.isdisjoint(T)	检测集合 S 和 T 中是否有相同的元素

表 5-3 中，S.remove(x)和 S.discard(x)都可以用于删除集合中的元素，由于 S.remove(x)可能使程序出现报错，而 S.discard(x)不会使程序出现报错，因此使用 S.discard(x)是一种更为安全的删除元素的方式。

假设有一个集合为{10,151,33,98,57}，分别使用 add()、remove()、pop()和 clear()方法实现集合中元素的添加、删除与清空，示例如下：

```
set_demo= {10, 151, 33, 98, 57}    # 创建集合
set_demo.add(61)                    # 向集合中添加元素
print(set_demo)
set_demo.remove(151)                # 删除集合中的一个指定元素
print(set_demo)
set_demo.pop()                      # 随机删除集合中的一个元素
print(set_demo)
set_demo.clear()                    # 清空集合中的所有元素
print(set_demo)
```

运行代码，结果如下所示：

```
{33, 98, 151, 57, 10, 61}
{33, 98, 57, 10, 61}
{98, 57, 10, 61}
set()
```

5.4.2　集合关系测试

数学中，两个集合关系的操作主要包括交集、并集、差集、补集。设 A、B 是两个集合，集合关系的操作介绍如下。

● 交集：属于集合 A 且属于集合 B 的元素所组成的集合，记作 $A \cap B$。

- 并集：集合 A 和集合 B 的元素合并在一起组成的集合，记作 $A \cup B$。
- 差集：属于集合 A 但不属于集合 B 的元素所组成的集合，叫作 A 与 B 的差集；属于集合 B 但不属于集合 A 的元素所组成的集合，叫作 B 与 A 的差集。
- 补集：属于集合 A 和集合 B 但不同时属于两者的元素所组成的集合。

Python 中集合之间支持前面所介绍的交集、并集、差集、补集操作，操作逻辑与数学中的操作逻辑完全相同。Python 提供了 4 种操作符以实现这 4 种操作，分别是 "|"（并集操作符）、"–"（差集操作符）、"&"（交集操作符）、"^"（补集操作符）。下面以两个圆形表示集合 A 和 B，并使用阴影部分显示 4 种操作的结果，如图 5-5 所示。

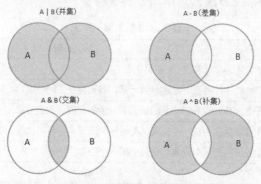

图5-5　集合关系的操作

Python 还提供了 4 个增强操作符：|=、–=、&=、^=。它们与前面 4 个操作符的区别是，前者是生成一个新的集合，而它们是更新位于操作符左侧的集合。此外，Python 还提供了与增强操作符功能相同的方法。接下来，以集合 S 和 T 为例，通过一张表罗列这两个集合之间关系的操作，如表 5-4 所示。

表5-4　集合之间关系的操作

操作	功能说明
S|T 或 S.union(T)	返回一个新集合，该集合包含属于集合 S 和 T 的所有元素
S–T 或 S.difference(T)	返回一个新集合，该集合包含属于集合 S 但不属于集合 T 的元素
S&T 或 S.intersection(T)	返回一个新集合，该集合包含同时属于集合 S 和 T 的元素
S^T 或 S.symmetric_difference(T)	返回一个新集合，该集合包含集合 S 和 T 中的元素，但不包含同时属于两者的元素
S|=T 或 S.update(T)	更新集合 S，该集合包含集合 S 和 T 所有的元素
S–=T 或 S.difference_update(T)	更新集合 S，该集合包含属于集合 S 但不属于集合 T 的元素
S&=T 或 S.intersection_update(T)	更新集合 S，该集合包含同时属于集合 S 和 T 的元素
S^=T 或 S.symmetric_difference_update(T)	更新集合 S，该集合包含集合 S 和 T 中的元素，但不包含同时属于两者的元素

假设有集合 a={1,11,21,31,17} 和集合 b={0,11,20,17,30}，它们执行取交集、并集、差集、补集的操作，示例如下：

```
a = {1, 11, 21, 31, 17}
```

```
b = {0, 11, 20, 17, 30}
result_one = a | b  # 取 a 和 b 的并集
print(result_one)
result_two = a - b  # 取 a 和 b 的差集
print(result_two)
result_thr = a & b  # 取 a 和 b 的交集
print(result_thr)
result_fou = a ^ b  # 取 a 和 b 的补集
print(result_fou)
```

运行代码，结果如下所示：

```
{0, 1, 11, 17, 20, 21, 30, 31}
{1, 21, 31}
{17, 11}
{0, 1, 20, 21, 30, 31}
```

对于两个集合 A 与 B，如果集合 A 中的所有元素都是集合 B 的元素，那么集合 B 包含集合 A，也就是说集合 A 是集合 B 的子集，集合 B 是集合 A 的超集；如果集合 A 中的所有元素都是集合 B 中的元素，且集合 B 中至少有一个元素不属于集合 A，那么集合 A 是集合 B 的真子集，集合 B 是集合 A 的真超集。

在 Python 中可以使用比较运算符来检查某个集合是否为其他集合的子集或者超集，其中，"<" 或者 "<=" 运算符用于判断真子集和子集，">" 和 ">=" 运算符用于判断真超集和超集。需要注意的是，"<" 和 ">" 运算符支持的是严格定义的子集和超集，即真子集和真超集；而 "<=" 和 ">=" 运算符支持的是非严格定义的子集和超集，它们允许两个集合相等。例如：

```
set_one = set('what')
set_two = set('hat')
result = set_one < set_two    # 判断 set_one 是否为 set_two 的真子集
print(result)
result = set_one > set_two    # 判断 set_one 是否为 set_two 的真超集
print(result)
```

运行代码，结果如下所示：

```
False
True
```

5.5　字典

5.5.1　字典介绍

提到字典这个词，相信大家都不陌生，学生时期碰到不认识的字时，大家都会使用字典的部首表找到对应的汉字说明。Python 中的字典是一种无序、可变的数据类型，用于存储键值对形式的元素。键必须是不可变类型的，而值可以是任意类型。字典中的元素是唯一的，如果使用相同的键添加元素，则该键对应的值会覆盖前面的值。

在 Python 中可以直接通过字典字面量创建字典，字典字面量使用大括号包含零个、一个或多个键值对，多个键值对之间使用英文逗号分隔，语法格式如下：

```
{键 1:值 1, 键 2:值 2,...,键 N:值 N}
```

上述格式中，字典中的键与值之间以冒号分隔，字典的长度没有限制。从语法设计角度来看，集合和字典均使用大括号包含元素，实际上集合与字典也有着相似的性质，即元素都是无序的，且不能重复。

通过字面量创建字典，示例如下：

```
{}                                          # 创建空字典
{'A': '123', 'B': '135', 'C': '680'}   # 创建包含多个键值对的字典
```

使用"字典变量[键]"的形式可以查找字典中与键对应的值。例如，使用变量保存上述第二个字典，访问该字典中键 C 所对应的值，代码如下：

```
dict_demo = {'A': '123', 'B': '135', 'C': '680'}
result = dict_demo['C']       # 访问键对应的值
print(result)
```

运行代码，结果如下所示：

```
680
```

字典中的元素是没有顺序的，它是可以动态修改的，一般使用如下方法进行修改：

```
值 = 字典变量[键]
```

例如，对上述字典中键 A 对应的值进行修改，代码如下：

```
dict_demo['A'] = '1*5@'     # 修改键对应的值
print(dict_demo)
```

运行代码，结果如下所示：

```
{'A': '1*5@', 'B': '135', 'C': '680'}
```

注意，若键不在字典中，则会给字典增加一个元素，例如：

```
dict_demo['D'] = '789'          # 增加元素
print(dict_demo)
```

运行代码，结果如下所示：

```
{'A': '1*5@', 'B': '135', 'C': '680', 'D': '789'}
```

5.5.2　字典的常见操作

Python 提供了一些针对字典的便捷方法和函数，可以方便开发人员获取字典的数据、删除元素、清空字典等，使开发人员能够更加高效地解决字典相关问题。字典的常见函数或方法如表 5-5 所示。

表 5-5　字典的常见函数或方法

函数/方法	功能说明
d.keys()	返回一个包含字典 d 中所有键的视图，视图是可迭代对象，可以用于遍历字典中的键
d.values()	返回一个包含字典 d 中所有值的视图，视图是可迭代对象，可以用于遍历字典中的值
d.items()	返回一个包含字典 d 中所有键值对的视图，视图是可迭代对象，可以用于遍历字典中的键值对
d.get(key[, default])	若键存在于字典 d 中，返回其对应的值，否则返回默认值
d.update()	根据其他的键值对更新字典，键值对的编写形式是"键 1=值 1，键 2=值 2,..."
d.clear()	清空字典
d.pop(key[, default])	若键存在于字典 d 中，返回其对应的值，同时删除键值对，否则返回默认值
d.popitem()	随机删除字典 d 中的一个键值对
del d[key]	删除字典 d 中的某个键值对
len(d)	返回字典 d 中元素的个数

续表

函数/方法	功能说明
min(d)	返回字典 d 中最小键所对应的值
max(d)	返回字典 d 中最大键所对应的值

通过 keys()、values()和 items()方法可以返回字典中键、值和键值对的视图，这里可以使用 for 循环遍历这些视图，例如：

```
dic = {'name': '小明', 'age': 23, 'height': 185}
result_one = dic.keys()        # 返回包含字典中所有键的视图
print(result_one)
result_two = dic.values()      # 返回包含字典中所有值的视图
print(result_two)
result_thr = dic.items()       # 返回包含字典中所有键值对的视图
for key,value in result_thr:
    print(key, value)
```

运行代码，结果如下所示：

```
dict_keys(['name', 'age', 'height'])
dict_values(['小明', 23, 185])
name 小明
age 23
height 185
```

字典也支持使用关键字 in，用来判断某个键是否存在于字典中，如果存在，则返回 True，否则返回 False。示例如下：

```
print('name' in dic)
print('gender' in dic)
```

运行代码，结果如下所示：

```
True
False
```

5.6　实例：手机通讯录

1. 手机通讯录功能

手机通讯录是一种重要的沟通工具，它记录了联系人的联系方式和基本信息。在手机通讯录中，我们可以通过姓名查看相关联系人的手机号、电子邮箱、联系地址等信息，也可以自由编辑联系人信息，包括添加、修改、删除联系人等。手机通讯录常见的功能如图 5-6 所示。

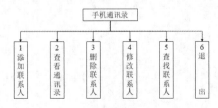

图5-6　手机通讯录常见的功能

图 5-6 中，手机通讯录拥有 6 个功能，每个功能都对应一个序号，用户可选择相应的序号实现具体功能。手机通讯录各功能的介绍如下。

（1）添加联系人：用户根据提示分别输入联系人的姓名、手机号、电子邮箱和联系地址等，保存联系人信息，提示"保存成功"。注意，若用户输入的姓名为空，会提示"请输入正确信息"。

（2）查看通讯录：按固定的格式输出每个联系人的信息。若通讯录中还没有添加过联系人，提示"通讯录无信息"。

（3）删除联系人：用户根据提示输入联系人的姓名，若该联系人在通讯录中，则删除该联系人，提示"删除成功"，否则提示"该联系人不在通讯录中"。注意，若通讯录中还没有添加过联系人，提示"通讯录无信息"。

（4）修改联系人：用户根据提示输入要修改联系人的姓名，之后按照提示分别输入该联系人的新的姓名、新的手机号、新的电子邮箱、新的联系地址，保存联系人信息，提示"修改成功"。注意，若通讯录中还没有添加过联系人，提示"通讯录无信息"。

（5）查找联系人：用户根据提示输入联系人的姓名，若该联系人存在于通讯录中，则输出该联系人的所有信息，否则提示"该联系人不在通讯录中"。注意，若通讯录中还没有添加过联系人提示"通讯录无信息"。

（6）退出：退出手机通讯录。如果用户不主动退出，那么可以一直使用手机通讯录。

2. 实现思路

本实例要求编写程序，实现具有上述功能的手机通讯录，实现思路如下。

（1）定义一个变量，用于保存全部的联系人。因为手机通讯录拥有的大多数功能都涉及联系人，所以这里利用列表保存全部的联系人，变量的初始值是空列表。又因为联系人拥有多条信息，每条信息之间都存在映射关系，例如，姓名与"小明"等，所以这里利用字典保存联系人的信息。

（2）通过 print() 函数输出手机通讯录的功能菜单，提升用户的体验。

（3）通过 while 语句控制用户使用手机通讯录操作的完整流程，因为用户不主动退出会一直使用手机通讯录，所以这里需要生成无限循环。

（4）在循环内部，通过 input() 函数接收用户输入的序号，通过 if-elif-else 语句判断序号是否为 1～6，并在各个分支下实现序号对应的功能。

3. 编写代码

下面按照上述思路编写代码，实现手机通讯录的程序，具体代码如下：

```python
person_info = []                    # 创建列表，用于保存全部的联系人
print('=' * 20)                     # 输出功能菜单
print('欢迎使用通讯录：')
print("1.添加联系人")
print("2.查看通讯录")
print("3.删除联系人")
print("4.修改联系人")
print("5.查找联系人")
print("6.退出")
print('=' * 20)
# 用户使用通讯录操作的流程
while True:
    fun_num = input('请输入功能序号:')
    if fun_num == '1':              # 添加联系人
        per_name = input('请输入联系人的姓名：')
```

```
            phone_num = input('请输入联系人的手机号：')
            per_email = input('请输入联系人的电子邮箱：')
            per_address = input('请输入联系人的联系地址：')
            if per_name.strip() == '':          # 判断用户输入的姓名是否为空
                print('请输入正确信息')
                continue
            else:
                per_dict = {}                   # 创建字典，用于保存一个联系人的基本信息
                per_dict.update(姓名=per_name, 手机号=phone_num,
                            电子邮箱=per_email, 联系地址=per_address)
                person_info.append(per_dict)    # 保存到列表中
                print('保存成功')
                elif fun_num == '2':            # 查看通讯录
            if len(person_info) == 0:
                print('通讯录无信息')
            for i in person_info:
                for title, info in i.items():
                    print(title + ': ' + info)
                elif fun_num == '3':            # 删除联系人
            if len(person_info) != 0:
                del_name = input('请输入要删除的联系人姓名：')
                for i in person_info:
                    if del_name in i.values():
                        person_info.remove(i)
                        print('删除成功')
                        break
                    else:
                        print('该联系人不在通讯录中')
            else:
                print('通讯录无信息')
                elif fun_num == '4':            # 修改联系人
            if len(person_info) != 0:
                modi_info = input('请输入要修改的联系人姓名：')
                for i in person_info:
                    if modi_info in i.values():
                        # 获取所在元组在列表中的索引
                        index_num = person_info.index(i)
                        dict_cur_perinfo = person_info[index_num]
                        for title, info in dict_cur_perinfo.items():
                            print(title + ':' + info)
                        modi_name = input('请输入新的姓名：')
                        modi_phone = input('请输入新的手机号：')
                        modi_email = input('请输入新的电子邮箱：')
                        modi_address = input('请输入新的联系地址：')
                        dict_cur_perinfo.update(姓名=modi_name, 手机号=modi_phone,
                        电子邮箱=modi_email, 联系地址=modi_address)
                        print('修改成功')
            else:
                print('通讯录无信息')
                elif fun_num == '5':            # 查找联系人
            if len(person_info) != 0:
```

```
        query_name = input('请输入要查找的联系人姓名：')
        for i in person_info:
            if query_name in i.values():
                index_num = person_info.index(i)
                for title, info in person_info[index_num].items():
                    print(title + ':' + info)
                break
        else:
            print('该联系人不在通讯录中')
    else:
        print('通讯录无信息')
elif fun_num == '6':                        # 退出
    print('退出成功')
    break
```

运行代码，运行结果如下所示：

```
====================
欢迎使用通讯录：
1.添加联系人
2.查看通讯录
3.删除联系人
4.修改联系人
5.查找联系人
6.退出
====================
请输入功能序号:1
请输入联系人的姓名：小明
请输入联系人的手机号：13000000000
请输入联系人的电子邮箱:
13000000000@163.com
请输入联系人的联系地址：中国北京市
保存成功
请输入功能序号:2
姓名：小明
手机号：13000000000
电子邮箱：13000000000@163.com
联系地址：中国北京市
请输入功能序号:4
请输入要修改的联系人姓名：小明
姓名:小明
手机号:13000000000
电子邮箱:13000000000@163.com
联系地址:中国北京市
请输入新的姓名：小明
请输入新的手机号：13666666666
请输入新的电子邮箱：13666666666@163.com
请输入新的联系地址：中国上海市
修改成功
请输入功能序号:5
请输入要查找的联系人姓名：小明
姓名:小明
```

```
手机号:13666666666
电子邮箱:13666666666@163.com
联系地址:中国上海市
请输入功能序号:3
请输入要删除的联系人姓名：小明
删除成功
请输入功能序号:2
通讯录无信息
请输入功能序号:6
退出成功
```

5.7　本章小结

本章主要讲解了组合数据类型，包括序列类型、集合类型和映射类型，首先讲解了序列类型中列表与元组相关的内容，包括切片与列表的常见操作、列表推导式、元组的常见操作，然后讲解了集合类型中集合相关的内容，包括集合的常见操作和集合关系测试，最后讲解了映射类型字典相关的内容，包括字典的介绍和常见操作。通过本章的学习，读者能够掌握各种数据的特点，并在实际编程中对其进行灵活运用。

5.8　习题

1. 简述序列类型、集合类型和映射类型的区别。
2. 已知元组 t=(11,22)，t[0]执行的结果是_____。
3. 已知集合 s={0,1,5,6,9}，执行 s.add(9)后 s 的值为_____。
4. 下列数据中，可以放入集合中的是（　　）。
A. 整数　　　　　　　B. 浮点数　　　　　　C. 字符串　　　　　D. 元组
E. 列表　　　　　　　F. 字典　　　　　　　G. 集合
5. 已知列表 ls=[5,3,18,9,11]，请对列表 ls 中的元素按照升序和降序两种方式进行排列。
6. 已知列表 ls=[5,3,18,9,11]，请使用两种方式对 ls 进行反转。
7. 列表和元组有哪些区别?
8. 阅读下面程序：

```
lan_info = {'01': 'Python', '02': 'Java', '03': 'PHP'}
lan_info.update({'03': 'C++'})
print(lan_info)
```

运行程序，输出结果是（　　）。
A. {'01': 'Python', '02': 'Java', '03': 'PHP'}
B. {'01': 'Python', '02': 'Java', '03': 'C++'}
C. {'03': 'C++','01': 'Python', '02': 'Java'}
D. {'01': 'Python', '02': 'Java'}

9. 编写程序，将用户输入的阿拉伯数字转换为相应的中文大写数字，例如，将 1.23 转换为壹点贰叁。

10. 编写程序，随机生成 5 个 0~10 之间不相等的数。提示：使用集合存储。

第 **6** 章

函数与模块

程序开发过程中，随着需要处理的问题变得越来越难，程序也会变得越来越长。冗长的程序牵扯的情况比较复杂，这不仅增加了阅读和理解的难度，也不利于后期程序的维护与二次开发。函数和模块的出现解决了这些问题，它们为开发人员提供了一种用来组合和复用代码的灵活方式，从而简化了各种复杂程序的开发过程。本章将详细介绍函数的相关知识，并简要介绍一些关于模块的知识。

6.1 函数概述

通常，处理复杂问题的基本方法是"化繁为简，分而治之"，也就是将复杂的问题分解成若干个足够小的问题，逐个解决这些小问题，最终达到解决复杂问题的目的。例如，把大象装进冰箱可分成 3 步，分别是打开冰箱门、把大象放进去、关上冰箱门。只要逐个解决上述的小问题，便能解决最初设定的复杂问题。同理，在设计程序时，可以先将程序拆解成若干个小功能，然后逐个实现这些小功能。开发程序时，这些小功能可以使用函数来封装。

函数是一段有组织的、可重复使用的、用来实现单一或相关联功能的代码段，通过函数名进行调用。函数可以看作一段有名字的子程序，可以在需要的地方使用函数名调用执

行。在学习本章内容之前，其实我们已经接触过一些函数，比如将数据输出到控制台的 print()
函数、接收键盘输入信息的 input() 函数等。

函数是一种功能抽象，它可以实现特定的功能，就像黑箱模型一样。黑箱模型是指所
建立的模型只考虑输入与输出，而与过程、机理无关。现实生活中，许多实物应用了黑箱
原理，比如洗衣机。使用者只需要了解洗衣机的使用方法，将洗衣粉和水放入洗衣机中，
就可以得到洗干净的衣服。同样地，对于函数，外界不需要了解其内部的实现原理，只需
要了解函数的输入输出方式即可使用。换言之，调用函数时以不同的参数作为输入，以执
行函数后以函数的返回值作为输出，具体如图 6-1 所示。

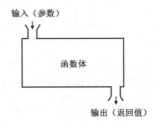

图6-1　函数的工作原理

函数大体可以划分为两类：一类是系统内置的函数，它们由 Python 标准库提供，例如，
前面章节中学习的 print()、input()、type()、int() 等函数；另一类是自定义函数，即用户根据
需求定义的具有特定功能的一段代码。自定义函数像一个具有某种特殊功能的容器——将
多条语句组成一个有名称的代码段，以实现具体的功能。

使用函数的好处主要体现在以下几方面。

（1）提高代码的可读性和可维护性。将功能封装成函数，可以使代码更加模块化，易
于理解和修改。

（2）减少代码的重复性。通过函数封装重复的功能，可以避免代码冗余，实现代码的
复用。

（3）提高程序的可扩展性。使用函数可以将不同的功能组合在一起，从而实现更复杂
的功能。

（4）提高程序的可靠性。将功能封装成函数可以减少代码中的错误，降低程序出错的
风险。

（5）提高程序的性能。通过函数封装重复的功能，可以减少代码执行的时间和空间复
杂度，提高程序的性能。

6.2　函数的基础知识

6.2.1　函数的定义

Python 使用 def 关键字定义函数，基本语法格式如下：

```
def 函数名([参数列表]):
    ['''文档字符串''']
    函数体
```

```
[return 语句]
```

上述语法的介绍如下。

（1）关键字 def：标志着函数的开始。

（2）函数名：函数的唯一标识，其命名方式遵循标识符的命名规则。

（3）参数列表：可以有零个、一个或多个参数，多个参数之间使用英文逗号分隔。根据参数的有无，函数分为有参函数和无参函数。

（4）冒号：用于标记函数体的开始。

（5）文档字符串：用于描述函数的功能，可以省略。

（6）函数体：函数每次调用时执行的代码，由一行或多行语句构成。

（7）return 语句：标志着函数的结束，用于将函数的处理结果返回给函数调用者。若函数需要返回值，则使用 return 语句返回，否则 return 语句可以省略。

定义函数时，函数参数列表中的参数是形式参数，简称为"形参"，形参用来接收调用函数时传入函数的参数。注意，形参只会在函数被调用的时候才占用内存空间，一旦调用结束就会即刻释放，因此，形参只有在函数内部有效。

定义一个求绝对值的函数，示例如下：

```
def my_absolute(x):
    if x >= 0:
        print(x)
    else:
        print(-x)
```

以上代码定义了一个函数 my_absolute()，该函数只有一个参数 x。函数内部是 if-else 语句，使用该语句区分 x 的值为正数和负数的情况，若 x 的值为正数，它的绝对值就是它本身，直接输出 x 的值，否则输出 x 的相反数。

6.2.2　函数的调用

函数定义好之后不会立即执行，直到被程序调用。调用函数的方式非常简单，一般形式如下：

```
函数名([参数列表])
```

以上形式的参数列表中的参数是实际参数，简称为"实参"，它们可以是常量、变量、表达式、函数等，这些实参会根据它们在函数定义中出现的顺序或名称与函数中的形参进行匹配，并在匹配成功后被传递给形参。

例如，调用 6.2.1 节中定义好的 my_absolute() 函数，代码如下：

```
my_absolute(-10.0)
```

以上代码中的 -10.0 是实参，它将被传递给函数定义中的形参 x。注意，函数在被调用之前必须已经完成定义，否则运行时会出现报错信息。

程序在执行时，若遇到函数调用，会经历以下流程：

（1）程序在函数调用处暂停执行；

（2）将实参传入函数的形参；

（3）执行函数体中的语句；

（4）程序接收函数的返回值并继续执行，若函数没有返回值，则会省略接收返回值的步骤。

下面以 my_absolute() 函数为例，为大家介绍函数的调用过程。假设定义和调用 my_absolute() 函数的完整代码如下：

```
1  def my_absolute(x):
2      if x >= 0:
3          print(x)
4      else:
5          print(-x)
6  my_absolute(-10.0)
7  print("---程序结束---")
```

对以上代码进行分析：Python 解释器读取第 1～5 行代码时判定此段代码是函数的定义，它会将函数名和函数体存储在内存空间中，不会直接执行；解释器执行第 6 行代码，由于此行调用了 my_absolute() 函数，使程序暂停执行，将实参 -10.0 传递给形参 x，此时 x 的值为 -10.0，然后执行函数体内部的语句，执行完函数体之后重新回到第 6 行代码，继续执行第 7 行代码。

下面画图分析 my_absolute() 函数的调用过程，如图 6-2 所示。

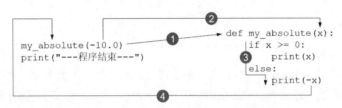

图6-2　my_absolute()函数的调用过程

6.3　函数的参数传递

函数的参数传递是指将实参传递给形参的过程，Python 中的函数支持以多种方式传递参数，包括位置传递、关键字传递、默认值传递、包裹传递、解包裹传递以及混合传递。本节将针对函数不同的参数传递方式进行讲解。

6.3.1　位置传递

当调用函数时，默认情况下会按照位置顺序传递实参给对应的形参，即将第一个实参传递给第一个形参，将第二个实参传递给第二个形参，以此类推。位置传递的示意如图 6-3 所示。

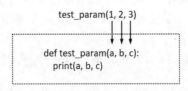

图6-3　位置传递的示意

由图 6-3 可知，调用 test_param() 函数时将传入的 3 个实参 1、2、3 依次传递给形参 a、b、c。接下来编写代码，验证位置传递的过程，具体如下：

```
def test_param(a, b, c):
```

```
    print(a, b, c)
test_param(1, 2, 3)        # 调用函数，根据位置传递参数
```

运行代码，结果如下所示：

```
1 2 3
```

从上述结果可以看出，a、b、c 的值分别为 1、2、3，说明调用函数时依次将实参 1、2、3 传递给形参 a、b、c。

6.3.2　关键字传递

虽然位置传递的方式比较便捷，但是如果形参的数目过多，开发者很难记住每个形参的作用，这时可以通过关键字传递的方式给形参传值，这里的关键字就是形参的名称。当调用函数时，通过"形参名=实参"的形式将形参与实参关联，按照形参的名称进行参数传递，它允许实参和形参的顺序不一致。关键字传递的示意如图 6-4 所示。

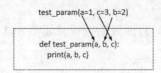

图 6-4　关键字传递的示意

图 6-4 中，调用 test_param() 函数时，根据关键字传入了 3 个实参，其中，将实参 1 传递给名称为 a 的形参，将实参 3 传递给名称为 c 的形参，将实参 2 传递给名称为 b 的形参。

接下来编写代码，验证关键字传递的过程，具体如下：

```
def test_param(a, b, c):
    print(a, b, c)
test_param(a=1, c=3, b=2)        # 调用函数，根据关键字传递参数
```

运行代码，结果如下所示：

```
1 2 3
```

从上述结果可以看出，a、b、c 的值分别为 1、2、3，说明调用函数时按照形参的名称将实参 1、2、3 传递给形参 a、b、c。

多学一招：仅限位置和仅限关键字

Python 加入了仅限位置和仅限关键字的语法，能够强制开发人员只能通过位置传递或关键字传递的方式将实参传递给形参。关于它们的介绍如下。

1. 仅限位置

仅限位置，顾名思义就是调用函数时只能根据位置将实参传递给形参，不能再根据关键字将实参传递给形参。当定义函数时，只要在函数的形参前面明确使用符号/，那么/前面的形参需要严格遵守仅限位置的要求。示例如下：

```
def test_param(a, b, /, c):    # 定义函数，部分参数遵守仅限位置的要求
    print(a, b, c)
test_param(1, 2, 3)
test_param(1, 2, c=3)
```

上述代码首先定义了一个函数 test_param()，该函数的形参 a、b 后面使用了符号/，说明形参 a、b 只能接收通过位置传递方式传递的实参，对形参 c 没有任何要求；然后调用了两次 test_param() 函数，第一次调用该函数时没有给实参绑定形参名，第二次调用该函数时

给实参 3 绑定了形参名。

运行代码，结果如下所示：

```
1 2 3
1 2 3
```

2. 仅限关键字

仅限关键字，顾名思义就是调用函数时只能根据关键字将实参传递给形参，不能再根据位置将实参传递给形参。当定义函数时，只要在函数的形参后面明确使用符号*，那么符号*后面的形参需要严格遵守仅限关键字的要求。示例如下：

```
def test_param(a, *, b, c):    # 定义函数，部分参数遵守仅限关键字的要求
    print(a, b, c)
test_param(1, b=2, c=3)
test_param(a=1, b=2, c=3)
```

上述代码首先定义了一个函数 test_param()，该函数的形参 a 后面使用了符号*，说明形参 b、c 只能接收通过关键字传递的实参，对形参 a 没有任何要求；然后调用了两次 test_param()函数，第一次调用该函数时只给实参 b 和 c 绑定了形参名，第二次调用该函数时给全部实参绑定了形参名。

运行代码，结果如下所示：

```
1 2 3
1 2 3
```

6.3.3　默认值传递

在定义函数时可以给每个形参指定默认值，基本形式为“形参名=默认值”。这样在调用时既可以给带有默认值的形参传递实参，以便重新为该形参赋值，也可以省略相应的实参，使用形参的默认值。使用和未使用参数默认值传递的示意如图 6-5 所示。

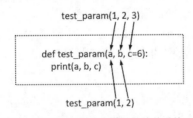

图6-5　使用和未使用参数默认值传递的示意

由图 6-5 可知，test_param()函数有 3 个形参 a、b、c，其中形参 c 的默认值是 6，其他形参没有默认值。当通过“test_param(1, 2, 3)”调用函数时，实参 3 会覆盖形参 3 的默认值；当通过“test_param(1, 2)”调用函数时，形参 c 会直接使用默认值。因此，只要函数的形参有默认值，就不会要求实参与形参的数量相等。

接下来编写代码，验证默认值传递的过程，具体如下：

```
def test_param(a, b, c=6):    # 定义函数，形参 c 有默认值
    print(a, b, c)
test_param(1, 2, 3)           # 调用函数，给形参 c 传值
test_param(1, 2)              # 调用函数，不给形参 c 传值
```

运行代码，结果如下所示：

```
1 2 3
1 2 6
```

观察第一个结果可知，c 的值是 3，说明调用函数时 3 覆盖了形参 c 的默认值；观察第二个结果可知，c 的值是 6，说明调用函数时使用了形参 c 的默认值。

注意，定义函数时，若带默认值的参数与不带默认值的参数同时存在，则带默认值的参数必须位于其他参数的后面。

6.3.4 包裹传递

若函数在定义时无法确定接收多少个实参，那么可以在定义函数时给形参名称添加"*"或"**"：若一个形参名称前面有"*"，它可以接收一个以元组形式包裹的多个实参；若一个形参名称前面有"**"，它可以接收一个以字典形式包裹的多个实参。

例如，定义一个形参为*args 的函数，代码如下：

```
def test_param(*args):    # 定义函数，该函数有一个名称带*的形参
    print(args)
```

调用上面定义的 test_param()函数时可以传入多个实参，比如传入 5 个实参，代码如下：

```
test_param(1, 2, 3, 4, 5)
```

运行代码，结果如下所示：

```
(1, 2, 3, 4, 5)
```

从上述结果可以看出，args 的值是一个元组，元组中每个元素依次对应调用 test_param()函数时传入的实参，说明程序会将多个实参打包成一个元组后传递给形参 args。

例如，定义一个形参为**kwargs 的函数，代码如下：

```
def test_param(**kwargs):    # 定义函数，该函数有一个名称带**的形参
    print(kwargs)
```

调用上面定义的 test_param()函数，传入多个绑定名称的实参，示例如下：

```
test_param(a=1, b=2, c=3, d=4, e=5)
```

运行代码，结果如下所示：

```
{'a': 1, 'b': 2, 'c': 3, 'd': 4, 'e': 5}
```

从上述结果可以看出，kwargs 的值是一个字典，字典中每个键值对依次对应调用 test_param()函数时传入的绑定名称的实参，说明程序会将多个实参打包成一个字典后传递给形参 kwargs。

6.3.5 解包裹传递

在调用函数时，若函数接收的实参为元组或字典，可以使用"*"和"**"对实参解包裹，将实参拆分为多个值，并按照位置传递或关键字传递的方式将实参传递给形参。

下面先来看一个对元组解包裹的示例，代码如下：

```
def test_param(a, b, c):
    print(a, b, c)
tuple_demo = (1, 2, 3)
test_param(*tuple_demo)    # 调用函数，使用*对实参解包裹
```

以上代码首先定义了一个 test_param()函数，该函数需要接收 3 个参数，然后调用了 test_param()函数，并向该函数传入了一个包含 3 个元素的元组 tuple_demo。由于元组 tuple_demo 的前面使用了"*"，所以会对 tuple_demo 进行解包裹操作，将元组 tuple_demo 解包成 3 个独立的实参 1、2、3，并分别按顺序传递给形参 a、b、c。

运行代码，结果如下所示：

```
1 2 3
```

从上述结果可以看出，a、b、c 的值分别是 1、2、3，依次对应元组的各个元素。

下面再来看一下对字典解包裹的示例，代码如下：

```
dict_demo = {'a': 1, 'b': 2, 'c': 3}
test_param(**dict_demo)      # 调用函数，使用**对实参解包裹
```

以上代码调用了 test_param()函数，该函数中包含有 3 个键值对的字典 dict_demo。由于字典 dict_demo 的前面使用了"**"，所以会对 dict_demo 进行解包裹操作，将字典 dict_demo 中键值对的映射关系解包成 3 个独立的带名称的实参，即 a=1、b=2、c=3，并分别按参数名称传递给形参 a、b、c。

运行代码，结果如下所示：

```
1 2 3
```

从上述结果可以看出，a、b、c 的值分别是 1、2、3，依次对应字典中键为 a、b、c 的值。

6.3.6　混合传递

前面介绍的几种参数传递的方式可以混合使用，但是在定义函数或调用函数时需要注意前后的顺序。在定义函数时，带默认值的形参必须位于普通形参（不带默认值或标识的形参）之后，带"**"标识的形参必须位于带"*"标识的形参之后。

当调用具有以上几种形参的函数时，需要遵循一定的规则，具体规则如下：

（1）优先按照位置传递；

（2）其次按照关键字传递；

（3）再次按照默认值传递；

（4）最后按照包裹传递。

例如，定义一个函数，该函数包含多种形式的形参，具体代码如下：

```
def test_param(a, b, c=33, *args, **kwargs):
    print(a, b, c, args, kwargs)
```

上述代码中，test_param()函数共有 5 个形参，其中前两个形参 a 和 b 不带默认值或标识；形参 c 带默认值，具体值是 33；最后两个是带"*"和"**"标识的形参 args 和 kwargs。

调用 test_param()函数时，依次传入不同个数和形式的实参，具体代码如下：

```
test_param(1, 2)
test_param(1, 2, c=3)
test_param(1, 2, 3, 'a', 'b')
test_param(1, 2, 3, 'a', 'b', x=99)
```

运行代码，结果如下所示：

```
1 2 33 () {}
1 2 3 () {}
1 2 3 ('a', 'b') {}
1 2 3 ('a', 'b') {'x': 99}
```

下面结合代码的运行结果逐个说明函数调用过程中参数的传递情况，具体如下。

第 1 次调用 test_param()函数时，该函数接收到实参 1、2，这两个实参被形参 a 和 b 接收；剩余 3 个形参 c、*args、**kwargs 没有接收到实参，值分别是 33、()和{}。

第 2 次调用 test_param()函数时，该函数接收到实参 1、2、3，前 3 个实参被形参 a、b、

c 接收；剩余两个形参*args、**kwargs 没有接收到实参，值分别是()和{}。

第 3 次调用 test_param()函数时，该函数接收到实参 1、2、3、'a'、'b'，前 3 个实参被形参 a、b、c 接收；后两个实参被形参*args 接收；形参**kwargs 没有接收到实参，值为{}。

第 4 次调用 test_param()函数时，该函数接收到实参 1、2、3、'a'、'b'和关联形参 x 的实参 99，所有的实参被相应的形参接收。

6.4　函数的返回值

函数中的 return 语句是可选项，它可以出现在函数体的任何位置，作用是结束当前函数，返回到函数被调用的位置继续执行程序，同时将函数处理的结果返回给函数调用者。

下面编写一个函数，该函数用于判断用键盘输入的字符串是否以大写字母开头，并返回判断结果，示例如下：

```
def is_capital(words):
    if ord("A") <= ord(words[0]) <= ord("Z"):
        return '首字母是大写的'
    else:
        return '首字母不是大写的'
result = is_capital("Python")    # 将函数返回的判断结果赋给变量
print(result)
```

运行代码，结果如下所示：

```
首字母是大写的
```

函数可以返回两个值吗？答案是肯定的，函数中的 return 语句可以返回多个值，这些值将以元组形式保存。例如，定义一个控制游戏角色移动的函数 move()，使用 return 语句返回反映角色当前位置的 nx 和 ny，代码如下：

```
def move(x, y, step):
    nx = x + step
    ny = y - step
    return nx, ny      # 使用 return 语句返回多个值
result = move(100, 100, 60)
print(result)
```

运行代码，结果如下所示：

```
(160, 40)
```

由以上结果可知，函数返回了一个包含两个元素的元组。

6.5　变量作用域

Python 变量并不是在哪个位置都可以访问，具体的访问权限取决于变量定义的位置，其所处的有效范围视为变量的作用域。根据作用域的不同，变量可以划分为局部变量和全局变量。本节将针对局部变量和全局变量进行详细的讲解。

6.5.1　局部变量

在函数内部定义的变量称为局部变量，局部变量只能在定义它的函数内部使用。例如，定义一个包含局部变量 count 的函数 test()，在函数的内部和外部分别访问这个局部变量

count，代码如下：

```
def test():
    count = 0          # 定义一个局部变量
    print(count)       # 在函数内部访问局部变量
test()
print(count)           # 在函数外部访问局部变量
```

运行代码，结果如下所示：

```
0
Traceback (most recent call last):
  File "D:\PythonProject\chapter06\code.py", line 5, in <module>
    print(count)                    # 在函数外部访问局部变量
          ^^^^^
NameError: name 'count' is not defined. Did you mean: 'round'?
```

结合运行结果分析代码，当调用 test()函数时，程序成功访问并输出了局部变量 count 的值，说明局部变量能够在函数内部使用；当 test()函数执行结束后，继续在函数外部访问局部变量 count，出现 name 'count' is not defined 的错误信息，说明局部变量不能在函数外部使用。

值得一提的是，局部变量的作用域仅限于定义它的函数范围内，在同一个作用域内，不允许出现同名的变量。

6.5.2 全局变量

全局变量是指在整个程序中都可以使用的变量，它们一般定义在函数外部，并且在整个程序运行期间占用存储单元。默认情况下，在函数的内部只能访问全局变量，而不能修改全局变量的值。例如，调整 6.5.1 节定义的 test()函数，调整后的完整代码如下：

```
count = 10        # 定义一个全局变量
def test():
    count = 11    # 在函数内部尝试修改全局变量的值
    print(count)
test()
print(count)
```

以上代码中首先在 test()函数外部定义了一个全局变量 count，初始值是 10，其次在该函数的内部尝试给 count 重新赋值，然后在函数的内部访问 count，最后在执行完函数后访问 count。

运行代码，结果如下所示：

```
11
10
```

从上述结果可以看出，程序在函数内部访问到变量 count 的值为 11，在函数外部访问到变量 count 的值为 10。也就是说，在函数的内部并没有成功修改全局变量的值，而是定义了一个与全局变量同名的局部变量。

在函数内部若要修改全局变量的值，需要在修改之前使用关键字 global 进行声明，使声明的变量提升为全局变量，语法格式如下：

```
global 全局变量
```

再次调整以上示例的代码，在 test()函数中使用关键字 global 声明变量 count，并对变量 count 进行修改，调整后的代码如下：

```
count = 10          # 全局变量
def test():
    global count    # 声明 count 为全局变量
    count = 11      # 在函数内部修改 count 的值
    print(count)
test()
print(count)
```

以上代码首先定义了全局变量 count 并赋值为 10，其次在 test()函数内部使用 global 关键字声明 count 为全局变量，然后重新给全局变量 count 赋值，输出全局变量的值，最后在函数执行完以后再次输出全局变量的值。

运行代码，结果如下所示：

```
11
11
```

从上述结果可以看出，程序在函数内部和外部访问到的全局变量 count 的值均为 11。由此可知，在函数内部使用关键字 global 对全局变量进行声明后，在函数内部对全局变量进行的修改在整个程序中都有效。

▌▌ 多学一招：LEGB 法则

LEGB 是程序中搜索变量时所遵循的原则，该原则中的每个字母指代一种作用域，具体如下。

- L（local）：局部作用域，例如，局部变量和形参生效的区域。
- E（enclosing）：嵌套作用域，例如，嵌套定义的外层函数中定义的变量生效的区域。
- G（global）：全局作用域，例如，全局变量生效的区域。
- B（built-in）：内置作用域，例如，内置模块定义的变量生效的区域。

Python 在搜索变量时会按照"L—E—G—B"这个顺序依次在这 4 种区域中搜索：若搜索到变量则终止搜索，使用搜索到的变量；若搜索完 L、E、G、B 这 4 种区域仍无法找到变量，程序会出现报错信息。

6.6 实例：智能聊天机器人

近年来，智能聊天机器人在国内得到广泛应用，涵盖从企业客户服务到教育和医疗等领域，解决了人们日常生活中的问题，提供了更加便捷、高效、智能的服务。比如，科大讯飞推出的语音 AI（Artifical Intelligence，人工智能）主播"小晴"，能够根据文本稿件模拟真人声音进行主播工作；深圳某职业学校推出的 AI 识别模拟考场程序——"AI 超级智能考场监考系统"，可自动监测学生考试数据，为学生成绩考核提供便利；百度推出的智能聊天机器人"小度"能够自然、流畅地与用户进行信息、服务、情感等多方面的交流。

上述案例展示了我国在智能聊天机器人方面的技术实力。智能聊天机器人的普及和使用将进一步推动人工智能的发展和应用，对我国经济和社会的发展具有重要意义。

1. 案例要求

本实例要求实现一个简易智能聊天机器人——小智，用于帮助用户解答有关百科知识的问题，具体要求如下。

（1）机器人默认会解答 5 个问题，这 5 个问题分别是诗仙是谁、中国第一个朝代、三十六计的第一计是什么、天府之国是中国的哪个地方、中国第一长河，答案分别是李白、夏朝、瞒天过海、四川、长江。

（2）机器人有 3 项功能，分别是训练、对话和离开。若用户从键盘输入 t，说明用户想训练机器人，此时机器人需要记录训练的新问题及其答案；若用户从键盘输入 c，说明用户想跟机器人对话，此时机器人需要回答用户提出的问题；若用户从键盘输入 l，说明用户想让机器人离开，此时机器人需要退出程序。

2. 实现思路

结合前面的描述可知，智能聊天机器人有 3 项功能，其中训练机器人和跟机器人对话的功能逻辑有些复杂，因此可以将这两个功能封装为独立的函数，这时只需要在用户选择训练或对话的位置调用相应的函数。本实例的实现思路如下。

（1）定义一个表示问题库的变量，用于保存机器人能够回答的所有问题及其答案。因为问题库的容量是可变的，它可以在用户训练机器人时添加新的问题及其答案，且问题与答案之间的关系属于一一对应关系，所以这里使用字典保存问题与答案。字典中默认有 5 个键值对。

（2）定义两个全局变量，分别用于记录机器人初始的状态标记和工作标记，其中状态标记包括 c、t、l 这 3 种，分别表示聊天状态、训练状态和离开状态，默认状态是聊天状态；工作标记用于记录机器人是否回答了用户提出的问题，默认标记为 True。

（3）定义一个用于训练机器人的函数，该函数包含两个参数，用于接收用户输入的新问题及其答案。训练机器人的功能其实是向问题库中增加新问题以及答案，也就是说给字典添加一个键值对，字典的键是新问题，字典的值是该问题的答案，这样就实现了训练机器人的目的。

（4）定义一个用于跟机器人对话的函数，该函数包含一个参数，用于接收用户提出的问题。跟机器人对话的功能其实是机器人搜索自己的问题库后视情况给出答复，如果在问题库中找到这个问题，则将这个问题作为字典的键获取其对应的答案，输出相应的答案，否则输出不会回答的提示信息。

（5）通过 while 语句控制用户使用机器人操作的完整流程。由于用户不主动退出时会一直操作机器人，所以这里可以设置循环条件，只要用户输入的选项是 c 或 t，就能进入循环。

（6）在循环内部，通过 input()函数接收用户输入的选项，通过 if-elif-else 语句判断选项是否为 c、t、l 或其他这几种情况，更新机器人的状态标记，并在各个分支下实现对应的功能。当处在选项是 c 或 t 的分支下时，需要调用相应的函数。

3. 编写代码

下面按照上述思路编写代码，实现智能聊天机器人，具体步骤如下。

（1）创建一个表示问题库的字典，字典中默认包含 5 个问题及其答案，具体代码如下：

```
problem_dict = {
    "诗仙是谁": "李白",
    "中国第一个朝代": "夏朝",
    "三十六计的第一计是什么": "瞒天过海",
    "天府之国是中国的哪个地方": "四川",
    "中国第一长河": "长江"
}
```

（2）定义两个全局变量，用于记录机器人初始的状态标记和工作标记，具体代码如下：

```python
work = True     # 工作标记，用于记录机器人是否回答了用户提出的问题，默认为 True
flag = "c"      # 状态标记，默认为 c
```

（3）定义一个 train() 函数，该函数的功能是训练机器人，具体代码如下：

```python
def train(arg_question, arg_answer):
    # 增加新问题及其答案
    problem_dict[arg_question] = arg_answer
    print(f"小智：训练成功，我现在会回答{len(problem_dict)}个问题了！")
    # 按照固定格式输出问题与答案
    print("--------------------")
    num = 1
    for key in problem_dict.keys():
        print(str(num) + "." + key)
        num += 1
    print("--------------------")
```

（4）定义一个 exchange() 函数，该函数的功能是跟机器人对话，具体代码如下：

```python
def exchange(words):
    global work
    for key in problem_dict.keys():
        if words == key:        # 如果用户提出的问题存在于问题库
            print(f"小智：{problem_dict[key]}")   # 输出答案
            work = True          # 更新工作标记
            break
        else:                    # 如果用户提出的问题不存在于问题库
            work = False         # 更新工作标记
    if not work:                 # 如果机器人没回答问题
        print("小智：抱歉，这个问题我还不会回答！")
        work = True              # 更新工作标记
```

（5）使用 while 语句控制机器人的工作流程，具体代码如下：

```python
print("小智：你好，我是小智！")
while flag == "c" or flag == "t":
    input_flag = input("你可以选择和我聊天（c）训练对话（t）让我离开（l）\n 我：")
    if input_flag in ["c", "t", "l"]:
        flag = input_flag       # 修改机器人的状态标志
    if input_flag == "t":       # 训练机器人
        question = input("小智：请输入问题\n 我：")
        answer = input("小智：请输入答案\n 我：")
        train(question, answer)
        continue
    elif input_flag == "c":     # 跟机器人对话
        if len(problem_dict) == 0:
            print("小智：我现在还不会回答哦，请先训练我！")
            continue
        char_word = input("小智：很开心和你聊天，你想问我什么！\n 我：")
        exchange(char_word)
    elif input_flag == "l":     # 退出
        print("小智：好的，下次再见！")
        break
    else:                       # 输入不合法信息
        print("小智：请输入正确的指令！")
```

运行代码，结果如下所示：

```
小智：你好，我是小智！
你可以选择和我聊天（c）训练对话（t）让我离开（l）
我：h
小智：请输入正确的指令！
你可以选择和我聊天（c）训练对话（t）让我离开（l）
我：t
小智：请输入问题
我：中国现存最早的兵书
小智：请输入答案
我：孙子兵法
小智：训练成功，我现在会回答 6 个问题了！
--------------------
1．诗仙是谁
2．中国第一个朝代
3．三十六计的第一计是什么
4．天府之国是中国的哪个地方
5．中国第一长河
6．中国现存最早的兵书
--------------------
你可以选择和我聊天（c）训练对话（t）让我离开（l）
我：c
小智：很开心和你聊天，你想问我什么！
我：诗仙是谁
小智：李白
你可以选择和我聊天（c）训练对话（t）让我离开（l）
我：c
小智：很开心和你聊天，你想问我什么！
我：中国现存最早的兵书
小智：孙子兵法
你可以选择和我聊天（c）训练对话（t）让我离开（l）
我：l
小智：好的，下次再见！
```

6.7　函数的特殊形式

除了前面介绍的普通函数之外，Python 还有两种具有特殊形式的函数，分别是匿名函数和递归函数。本节将针对匿名函数和递归函数进行详细的介绍。

6.7.1　匿名函数

匿名函数是一类无须定义标识符的函数，它与普通函数一样可以在程序的任何位置使用，但是在定义时被严格限定为单一表达式。在 Python 中使用 lambda 关键字定义匿名函数，它的语法格式如下：

```
lambda <形式参数列表> :<表达式>
```

与普通函数相比，匿名函数的语法比较简洁，功能更单一，只是一个为简单任务服务的对象，它们的主要区别如下：

（1）普通函数在定义时有名称，而匿名函数没有名称；

（2）普通函数的函数体中包含有多条语句，而匿名函数的函数体只能是一个表达式；

（3）普通函数可以实现比较复杂的功能，而匿名函数可实现的功能比较简单。

定义好的匿名函数不能直接使用，最好使用一个变量保存它，以便后期可以随时使用。例如，定义一个计算数值平方的匿名函数，并将其返回的函数对象赋值给一个变量：

```
temp = lambda x : pow(x, 2)  # 定义匿名函数，将它返回的函数对象赋值给变量 temp
```

此时，变量 temp 可以作为匿名函数的临时名称来调用函数，示例如下：

```
result = temp(10)
print(result)
```

运行代码，结果如下所示：

```
100
```

6.7.2　递归函数

递归是指函数对自身的调用，它可以分为以下两个阶段。

（1）递推：递归本次的执行都基于上一次的运算结果。

（2）回溯：遇到终止条件时，则沿着递推往回一级一级地把值返回来。

递归函数通常用于解决结构相似的问题，其基本的实现思路是将一个复杂的问题分解成若干个子问题，子问题的形式和结构与原问题相似，求出子问题的解之后根据递归关系可以获得原问题的解。

递归有如下两个基本要素。

（1）基例：子问题的最小规模，用于确定递归何时终止，也称为递归出口。

（2）递归模式：将复杂问题分解成若干子问题的基础结构，也称为递归体。

递归函数的一般形式如下：

```
def 函数名称(参数列表):
    if 基例:
        rerun 基例结果
    else:
        return 递归体
```

由于每次调用函数都会占用计算机的一部分内存，若递归函数未提供基例，函数执行后会导致程序出现超过最大递归深度的错误信息。

递归函数经典的应用就是计算阶乘，例如，求 n 的阶乘，数学中使用函数 $fact(n)$ 表示：

$$fact(n) = n! = 1 \times 2 \times 3 \times \cdots \times (n-1) \times n = fact\,(n-1) \times n$$

在程序中定义 fact()函数实现阶乘计算，可以写成如下形式：

```
def fact(n):
    if n == 1:                  # 基例
        return 1
    else:
        return fact(n-1) * n    # 递归体
```

fact(n)是一个递归函数，当 n 大于 1 时，fact()函数以 n–1 作为参数重复调用自身，直到 n 为 1 时调用结束，开始通过回溯得出每层函数调用的结果，最后返回计算结果。假设现在要求 5 的阶乘，则递归函数的整个执行过程如图 6-6 所示。

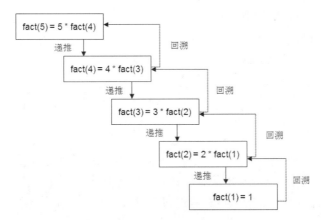

图6-6　递归函数的执行过程

计算斐波那契数列也是递归函数的一个经典应用。斐波那契数列又称黄金分割数列，这个数列从第三项开始，它的每一项都等于前两项的和。在数学上，斐波纳契数列以递推的方式定义，具体如下所示：

$$F(1)=1, F(2)=1, F(n)=F(n-1)+F(n-2)（n \geqslant 3, n \in N*）$$

根据以上定义，斐波那契数列的前 9 项依次为：1、1、2、3、5、8、13、21、34。

斐波那契数列以兔子繁殖为例子而引入，故又称为"兔子数列"。 兔子繁殖的故事是这样的，一般兔子在出生两个月后就有繁殖能力，一对兔子每个月能生出一对小兔子来，如果所有的兔子都不死，那么一年以后一共有多少对兔子？兔子繁殖的示意如图 6-7 所示。

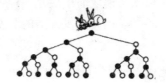

图6-7　兔子繁殖的示意

下面针对兔子繁殖的问题进行具体的分析：

第一个月，兔子没有繁殖能力，此时兔子的总数量为 1 对；

第二个月，兔子拥有繁殖能力，生下一对小兔子，此时兔子的总数量为 2 对；

第三个月，兔子又生下一对小兔子，而小兔子没有繁殖能力，此时兔子的总数量为 3 对；

……

以此类推，可以得到如下兔子数量统计，如表 6-1 所示。

表 6-1　兔子数量统计

经过月份	0	1	2	3	4	5	6	7	8	9	10	11	12
幼崽对数	1	0	1	1	2	3	5	8	13	21	34	55	89
成兔对数	0	1	1	2	3	5	8	13	21	34	55	89	144
总体对数	1	1	2	3	5	8	13	21	34	55	89	144	233

从表 6-1 中可以看出，经历 0 或 1 个月后，兔子的总数量均为 1，之后每经历 1 个月，

兔子的总数量为前两个月份的数量和。例如，经过 3 个月时兔子的总数量为 1+2=3，经过 4 个月时兔子的总数量为 2+3=5，经过 5 个月时兔子的总数量为 3+5=8。

使用代码实现计算"兔子数列"的函数，具体代码如下：

```
def rabbit(month):
    if month == 1:
        return 1
    else:
        return rabbit(month-2) + rabbit(month-1)
```

以上代码定义了一个递归函数 rabbit()，该函数接收一个代表经过的月份的参数 month，并在代码段中使用 if-else 语句区分了第 1 个 1 月和其他月份。若经过了 1 个月，则返回的总数量为 1，代表着递归函数的出口；若经过了 N（大于 1）个月，则会重复调用 rabbit() 函数，返回 rabbit(month-2) 与 rabbit(month-1) 的和。

调用上述函数，可计算出经过 1 年以后兔子的总数量，代码如下：

```
result = rabbit(12)
print(result)
```

运行代码，结果如下所示：

```
233
```

6.8 模块

开发程序时，我们通常不会把程序的所有代码写在一个文件中，而是把实现特定功能的代码放置在文件中，形成一个独立的模块。模块是一种组织程序代码的形式，这种形式不仅可以提高代码的可复用性，还可以提高开发人员的开发效率。本节将针对模块的内容进行讲解。

6.8.1 模块的导入和使用

Python 中扩展名为.py 的文件称为模块，文件的名称为模块的名称。在一个模块中导入其他模块，便可以使用被导入模块中定义的内容，包括全局变量、函数、类（此内容会在第 9 章介绍）等。模块的导入主要有两种方式，分别是使用 import 语句导入和使用 from-import-语句导入，关于它们的介绍如下。

1. 使用 import 语句导入模块

import 语句支持一次导入一个模块，也支持一次导入多个模块。使用 import 语句导入模块的语法格式如下：

```
import 模块1, 模块2, …
```

在上述格式中，import 后面可以跟一个或多个模块，每个模块之间使用英文逗号分隔。

下面以 Python 中内置的模块 random 和 time 为例，演示如何使用 import 语句导入一个模块或多个模块，示例如下：

```
import time              # 导入一个模块
import random, time      # 导入多个模块
```

导入模块以后，可以通过"."使用模块中的内容，包括全局变量、函数或类。使用模块中的内容的语法格式如下：

```
模块名.变量名/函数名()/类名
```

例如，使用 time 模块中的 sleep()函数，示例如下：

```
time.sleep(1)
```

如果在开发过程中需要导入一些名称较长的模块，那么可使用 as 关键字为这些模块起别名。使用 as 关键字给模块起别名的语法格式如下：

```
import 模块名 as 别名
```

后续使用模块时，可以在程序中直接通过别名使用模块中的内容。

2. 使用 from-import-语句导入模块

使用 import 语句导入模块后，每次使用模块时都需要添加"模块名."前缀，非常烦琐。为了减少这样的麻烦，Python 提供了另外一种导入模块的语句 from-import-。使用 from-import-语句导入模块之后，无须添加前缀，可以像使用当前程序中的内容一样使用模块中的内容。

使用 from-import-语句导入模块的语法格式如下：

```
from 模块名 import 变量名/函数名/类名
```

from-import-语句也支持一次导入多个函数、类等，它们之间使用英文逗号隔开。

例如，导入 time 模块中的 sleep()函数和 time()函数，具体代码如下：

```
from time import sleep, time
```

如果希望一次性导入模块中的全部内容，可以将 from-import-语句中 import 后面的内容替换为通配符"*"。导入模块中的全部内容的语法格式如下：

```
from 模块名 import *
```

例如，导入 time 模块中的全部内容，具体代码如下：

```
from time import *
```

from-import-语句也支持为模块或模块中的内容起别名，其语法格式如下：

```
from 模块名 import 变量名/函数名/类名 as 别名
```

例如，给 time 模块中的 sleep()函数起名为 sl，具体代码如下：

```
from time import sleep as sl
sl(1)   # sl 为 sleep()函数的别名
```

以上介绍的两种模块的导入方式在使用上大同小异，大家可根据不同的场景选择合适的导入方式。

需要注意的是，虽然 from-import-语句可以简化模块中的内容的使用方式，但可能会出现模块中的变量名、函数名或类名与当前程序中的变量名、函数名或类名重复的问题。因此，相对而言使用 import 语句导入模块更为安全。

6.8.2 模块的变量

Python 为模块定义了两个重要的以双下画线开头的变量，分别是__all__和__name__，其中变量__all__用于限制其他程序中可以导入模块的内容，变量__name__用于记录模块的名称。关于这两个变量的介绍具体如下。

1. __all__变量

Python 模块的开头通常会定义一个__all__变量，该变量的值实际上是一个列表，列表中包含的元素决定了在使用 from-import *语句导入模块后可以使用模块的哪些内容。如果__all__中只包含模块中的部分内容，那么 from-import *语句只会将__all__中包含的部分内容导入程序。

　　下面创建两个模块 calc.py 和 test.py，分步骤演示如何通过__all__变量限制导入这两个模块的内容，具体步骤如下。

　　（1）创建模块 calc.py，该模块中包含一个__all__变量和 4 个进行两个数的四则运算的函数，具体代码如下：

```
# 定义__all__变量，用于限制导入模块的内容
__all__ = ["add", "subtract"]
def add(a, b):
    return a + b
def subtract(a, b):
    return a - b
def multiply(a, b):
    return a * b
def divide(a, b):
    if (b):
        return a / b
    else:
        print("error")
```

　　以上代码首先定义了一个__all__变量，该变量的值为["add", "subtract"]，此时其他模块或程序导入 calc 模块后，只能使用 calc 模块中的 add()与 subtract()函数；然后定义了 add()、subtract()、multiply()和 divide() 4 个函数，分别用于求两个数的和、差、积和商。

　　（2）创建模块 test.py，在该模块中通过 from ... import *语句导入 calc.py 模块中的内容，并调用该模块中的 add()、subtract()、multiply()和 divide()函数，具体代码如下：

```
from calc import *   # 导入 calc.py 模块
print(add(2, 3))
print(subtract(2, 3))
print(multipty(2, 3))
print(divide(2, 3))
```

　　（3）运行 test.py 文件，结果如下所示：

```
5
-1
Traceback (most recent call last):
  File " D:\PythonProject\chapter06\test.py", line 4, in <module>
    print(multipty(2, 3))
NameError: name 'multipty' is not defined
```

　　观察输出结果可知，程序先后输出了 5 和-1，说明成功调用了 add()、subtract()函数来计算数字 2 与 3 的和与差，之后程序输出了报错信息 "NameError: name 'multipty' is not defined"，说明调用 multiply()函数失败。

2. __name__变量

　　大型项目通常由多名开发人员共同开发，每名开发人员负责不同的模块。为了保证代码在整合后可以正常运行，开发人员通常会编写一些测试代码进行测试。然而，对整个项目而言测试代码是无用的。为了避免项目执行这些测试代码，Python 为模块增加了__name__变量。

　　__name__变量通常与 if 条件语句一起使用，若模块是当前运行的模块，则__name__的值为__main__；若模块被其他模块导入，则__name__的值为模块名。

　　下面以定义的 calc.py 模块为例，演示__name__变量的用法。在 calc.py 模块中增加如

下一段代码：

```
if __name__ == "__main__":  # __name__的值为__main__
    print(multiply(3, 4))
    print(divide(3, 4))
```

运行 calc.py 文件，控制台输出的结果如下所示：

```
12
0.75
```

在 test.py 文件中注释最后两行代码，运行代码，结果如下所示：

```
5
-1
```

6.9　本章小结

本章主要介绍了函数和模块，首先介绍了函数的概念以及基本知识，包括函数的定义和调用，其次介绍了函数的参数传递和函数的返回值，然后介绍了变量作用域、匿名函数和递归函数，最后介绍了模块的相关内容，包括模块的导入与使用、模块的变量。希望通过本章的学习，读者能够理解在程序中使用函数的优越性，可以按照需求灵活定义与调用函数，并能够在程序中熟练导入与使用模块。

6.10　习题

1. 函数一旦定义完成便会立即执行吗？为什么？
2. 阅读以下程序：

```
x = 50
def func():
    print(x)
    x = 100
func()
```

程序执行的结果为（　　　）。

A. 0　　　　　　　　B. 100　　　　　　　　C. 程序出现异常　　　　　　D. 50

3. 使用_____关键字可以定义一个匿名函数。
4. 编写函数，计算传入的字符串中数字、字母、空格和其他字符的个数。
5. 古代有一个梵塔，塔内有 A、B、C 这 3 个基座，A 座上有 64 个盘子，盘子大小不等，大的在下，小的在上，如图 6-8 所示。有人想把这 64 个盘子从 A 座移到 C 座，但每次只允许移动一个盘子，并且在移动的过程中，3 个基座上的盘子始终保持大盘在下，小盘在上。在移动过程中盘子可以放在任何一个基座上，不允许放在别处。编写函数，根据用户输入盘子的个数，显示移动的过程。

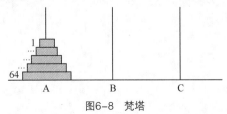

图6-8　梵塔

6. 编写函数，输出 1~100 以内的所有素数。

7. 请简述递归和循环的区别。

8. 匿名函数是一个表达式吗？为什么？

9. 请简述匿名函数与普通函数的区别。

10. 阅读以下程序：

```
def many_param(num_one, num_two, *args):
    print(args)
many_param(11, 22, 33, 44, 55)
```

程序执行的结果为（   ）。

A. (11, 22, 33)   B. (33, 44, 55)

C. (22, 33, 44)   D. (11, 22)

第 7 章

常用库的使用

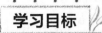

学习目标

★ 掌握 random 库的使用，能够使用 random 库生成随机数

★ 掌握 turtle 库的使用，能够使用 turtle 库绘制不同图形

★ 掌握 time 库的使用，能够使用 time 库处理时间

★ 掌握 jieba 库的使用，能够使用 jieba 库对中文文本进行分词

★ 掌握 WordCloud 库的使用，能够使用 WordCloud 库制作词云图

Python 中，库（Library）是一种涵盖特定功能集合的说法，而非严格定义。Python 库提供了大量的函数或方法，可以帮助开发人员更有效地完成各种任务和解决各种问题，从而更轻松地开发程序。Python 库通常分为两种类型，分别是标准库（Standard Library）和第三方库（Third-Party Library），其中标准库会随 Python 解释器一同被安装，导入程序后可直接使用，包括 random、turtle、time 等；第三方库是由 Python 使用者编写和分享的，使用前需要额外安装，包括 jieba、WordCloud 等。本章将介绍一些常用库的基本用法。

7.1 随机数工具：random 库

random 库属于 Python 标准库，它提供了一系列的随机数生成函数，可以用于生成随机数和随机序列等。random 库中常用的函数如表 7-1 所示。

表 7-1 random 库中常用的函数

函数	功能说明
random()	用于生成一个随机浮点数 n，n 的取值范围是 $0 \leq n < 1.0$
uniform(a,b)	用于生成一个指定范围内的随机浮点数 n，若 a<b，则 n 的取值范围是 $a \leq n \leq b$；若 a>b，则 n 的取值范围是 $b \leq n \leq a$
randint(a,b)	用于生成一个指定范围内的整数 n，n 的取值范围是 $a \leq n \leq b$

续表

函数	功能说明
randrange([start,]stop[, step])	生成一个按指定基数递增的序列，再从该序列中获取一个随机数。start 参数表示范围的起始值，包含在范围内；stop 参数表示范围的结束值，不包含在范围内；step 参数是可选的，表示基数，默认值为 1
choice(sequence)	从序列中获取一个随机元素，参数 sequence 表示一个序列
shuffle(x[,random])	将序列 x 中的元素随机排列
sample(sequence,k)	从指定序列中获取长度为 k 的片段，将其随机排列后返回新的序列

下面使用表 7-1 中的函数生成随机数，示例代码如下：

```python
import random
print(random.random())          # 生成 0~1.0 之间的随机浮点数，包含 0
print(random.uniform(3, 5))     # 生成 3.0~5.0 之间的随机浮点数，包含 3.0 和 5.0
print(random.randint(2, 8))     # 生成 2~8 之间的随机整数，包含 2 和 8
print(random.randrange(10))     # 生成 0~9 的序列，从该序列中获取随机数
print(random.randrange(1, 10, 2))  # 生成序列[1,3,5,7,9]，从中获取一个元素
# 从序列中随机获取一个元素
result = random.choice(['勤','而','行','之'])
print(result)
word_li = ['勤','而','行','之']
# 随机排列列表里面的元素
random.shuffle(word_li)
print(word_li)
# 从元组中获取长度为 3 的片段，将这个片段随机排列后返回新的序列
result = random.sample(('勤','而','行','之'), k=3)
print(result)
```

运行代码，结果如下所示：

```
0.785719595879237
4.073275087894703
6
3
1
行
['勤', '行', '之', '而']
['而', '勤', '行']
```

7.2　实例：验证码

在互联网时代，为了保护用户信息安全，许多网站都设置了验证码。这样做的目的是识别用户是否为机器人，防止机器人自动注册账号、发送垃圾信息等行为。常见的验证码由数字和字母组成，长度通常为 4 位或 6 位。本实例要求编写一个程序，用于生成一个 6 位验证码。

6 位验证码有 6 个字符，每位字符都有 3 种可能，分别是大写字母、小写字母、数字，具体的类型和取值都无法确定，这个特点符合随机数的特点。为此，可以利用 random 库实现。生成 6 位验证码的功能相对独立，这里可以利用函数进行封装，实现思路如下。

（1）定义一个函数，用于生成 6 位验证码。

（2）在函数内部定义一个用于保存验证码字符的变量，变量的初始值为空字符串。

（3）通过 for 语句和 range()函数循环生成验证码的每一个字符。由于验证码的字符数量是 6 个，因此我们可以设置循环次数为 6，以控制生成字符的数量。

（4）在循环内部，随机生成一个代表字符类型的数字，并且随机生成一个该类型的字符。因为字符类型有大写字母、小写字母和数字共 3 种，所以这里可以通过 randint()函数随机生成一个数字，数字的取值为 1、2、3，分别代表大写字母、小写字母、数字；因为每种字符类型对应 ASCII 值的范围不同，数字类型对应 ASCII 值的范围为 0~9，大写字母对应 ASCII 值的范围为 65~90，小写字母对应 ASCII 值的范围为 97~122，所以这里可以先通过 randint()函数随机指定范围内的 ASCII 值，再通过 chr()函数将 ASCII 值转换为字符。

下面按照上述思路编写代码，实现生成 6 位验证码的程序，具体代码如下：

```
1  import random
2  def verifycode():
3      code_list = ''
4      for i in range(6):      # 控制验证码的字符数量
5          # 随机生成一个数字，1 代表大写字母，2 代表小写字母，3 代表数字
6          state = random.randint(1, 3)
7          if state == 1:      # 大写字母
8              first_kind = random.randint(65, 90)   # 随机生成 65~90 之间的整数
9              random_uppercase = chr(first_kind)    # 根据 ASCII 值转换为大写字母
10             code_list = code_list + random_uppercase   # 连接大写字母
11         elif state == 2:    # 小写字母
12             second_kinds = random.randint(97, 122)
13             random_lowercase = chr(second_kinds)
14             code_list = code_list + random_lowercase
15         elif state == 3:    # 数字
16             third_kinds = random.randint(0, 9)
17             code_list = code_list + str(third_kinds)
18     return code_list
19 result = verifycode()
20 print(result)
```

上述代码中，第 6 行代码调用 random 库的 randint()函数随机生成一个表示字符类型的整数，整数可以是 1、2 或 3，分别代表大写字母、小写字母或数字。

第 7~10 行代码用于处理类型为大写字母的情况，首先调用 randint()函数随机生成一个 65~90 之间的整数，然后调用 chr()函数将整数转换成大写字母，最后通过运算符+将大写字母连接到 code_list 后面。

第 11~14 行代码用于处理类型为小写字母的情况，首先调用 randint()函数随机生成一个 97~122 之间的整数，再调用 chr()函数将整数转换成小写字母，之后将小写字母连接到 code_list 后面。

第 15~17 行代码用于处理类型为数字的情况，首先调用 randint()函数随机生成一个 0~9 之间的整数，再将整数转换成字符串后连接到 code_list 后面。

运行代码，结果如下所示：

```
kuFq60
```

再次运行代码，结果如下所示：

```
YWe6L3
```

通过比较两次运行的结果可以看出，两个验证码完全不同，说明它们是随机产生的。

7.3　绘图工具：turtle 库

turtle 是 Python 的标准库之一，它提供了绘制线、圆以及其他图形的函数，使用这些函数可以在窗体的画布上通过简单的重复动作直观地绘制界面和各种图形。turtle 库的用法简单，只需按照绘图的步骤调用几个函数就可以绘制各种图形，就像使用笔在纸上绘图一样。本节将围绕着 turtle 库的基本使用进行详细讲解，包括创建图形窗口、设置画笔、绘制图形。

7.3.1　创建图形窗口

图形窗口也称为画布（Canvas）。控制台无法绘制图形，使用 turtle 库绘制图形化界面时可以先使用 setup() 函数创建图形窗口，该函数的语法格式如下：

```
setup(width, height, startx=None, starty=None)
```

上述语法格式中，width、height、startx 和 starty 参数分别表示窗口宽度、高度、窗口在计算机屏幕上的横坐标和纵坐标。参数 width、height 的取值可以是整数或小数，取值为整数时表示以像素为单位的尺寸，取值为小数时表示图形窗口的宽或高与屏幕的比例；参数 startx、starty 的取值可以为整数或 None，取值为整数时，表示图形窗口左侧到屏幕左侧的距离或图形窗口顶部到屏幕顶部的距离，单位为像素；取值为 None 时，窗口位于屏幕中心。

例如，使用 turtle 库的 setup() 函数创建一个宽 800 像素、高 600 像素的图形窗口，示例代码如下：

```
turtle.setup(800, 600)
```

此时图形窗口与计算机屏幕的关系如图 7-1 所示。

图7-1　图形窗口与计算机屏幕的关系

需要说明的是，使用 turtle 库实现图形化界面时 setup() 函数并不是必需的，如果在程序中没有调用 setup() 函数，程序执行时会生成一个默认窗口。另外，通过 turtle 库的 title() 函数可以为窗口设置标题，如此每次打开的窗口左上角都会显示指定的标题。

使用 turtle 库创建图形窗口完毕后，应调用 turtle 库的 done() 函数通知图形窗口创建结束，不过此时图形窗口仍然处于打开状态，直到用户手动关闭时才会退出，示例如下：

```
import turtle
turtle.setup(800, 600)      # 创建图形窗口
turtle.done()               # 创建结束
```

7.3.2　设置画笔

画笔（Pen）的设置包括画笔属性和画笔状态的设置，其中画笔属性包括尺寸、颜色等，画笔状态包括提起、放下等。turtle 库提供了用于设置画笔属性和画笔状态的函数，下面分别对这些函数进行讲解。

1. 设置画笔属性的相关函数

turtle 库中用于设置画笔属性的函数主要有 3 个，分别是 pensize()、speed()和 color()，pensize()函数用于设置画笔尺寸，speed()函数用于设置画笔移动的速度，color()函数用于设置画笔颜色。这 3 个函数的语法格式如下：

```
pensize(<width>)        # 设置画笔尺寸
speed(speed)            # 设置画笔移动的速度
color(color)            # 设置画笔颜色
```

pensize()函数的参数 width 表示画笔的尺寸，即画笔绘制出线条的宽度，若该参数为空，则 pensize()函数返回画笔当前的尺寸。

speed()函数的参数 speed 表示画笔移动的速度，该参数的取值为 0~10 的整数，包括 0 和 10，取值越大，速度越快。

color()函数的参数 color 表示画笔的颜色，该参数的取值有以下几种形式。

- 字符串，如 red、orange、yellow、green 等。
- RGB 颜色。这种形式又分为 RGB 整数值和 RGB 小数值两种，RGB 整数值如(255,255,255)、(190,213,98)，RGB 小数值如(1,1,1)、(0.65,0.7,0.9)。
- 十六进制颜色，如#FFFFFF、#0060F6 等。

下面以一些常见颜色为例，通过一张表罗列这些颜色的各种表现形式，具体如表 7-2 所示。

表 7-2　常见颜色的表现形式

颜色	字符串	RGB 整数值	RGB 小数值	十六进制颜色值
白色	white	(255,255,255)	(1,1,1)	#FFFFFF
黄色	yellow	(255,255,0)	(1,1,0)	#FFFF00
洋红色	magenta	(255,0,255)	(1,0,1)	#FF00FF
青色	cyan	(0,255,255)	(0,1,1)	#00FFFF
蓝色	blue	(0,0,255)	(0,0,1)	#0000FF
黑色	black	(0,0,0)	(0,0,0)	#000000
海贝色	seashell	(255,245,238)	(1,0.96,0.93)	#FFF5EE
金色	gold	(255,215,0)	(1,0.84,0)	#FFD700
粉红色	pink	(255,192,203)	(1,0.75,0.80)	#FFC0CB
棕色	brown	(165,42,42)	(0.65,0.16,0.16)	#A22A2A
紫色	purple	(160,32,240)	(0.63,0.13,0.94)	#A020F0
番茄色	tomato	(255,99,71)	(1,0.39,0.28)	#FF6347

需要说明的是，字符串、RGB 整数值、RGB 小数值、十六进制颜色值表示的颜色都可以直接作为 color()函数的 color 参数的取值，但使用 RGB 颜色之前，需要先使用 colormode()函数设置颜色模式。colormode()函数需要接收一个 cmode 参数，该参数支持两种取值：1.0 或 255。其中 1.0 表示 RGB 颜色值位于 0.0~1.0 之间，255 表示 RGB 颜色值位于 0~255

之间。设置画笔颜色的示例代码如下：

```
import turtle
turtle.color('pink')                # 使用字符串表示的颜色
turtle.color('#A22A2A')             # 使用十六进制颜色值表示的颜色
turtle.colormode(1.0)              # 使 RGB 小数值表示的颜色
turtle.color((1, 1, 0))
turtle.colormode(255)              # 使用 RGB 整数值表示的颜色
turtle.color((165, 42, 42))
turtle.done()
```

2. 设置画笔状态的相关函数

正如在纸上画图一样，turtle 库中的画笔具有提起（UP）和放下（DOWN）两种状态。只有在画笔处于放下状态时，移动画笔，画布上才会留下痕迹。turtle 库中的画笔默认处于放下状态。我们使用 penup() 和 pendown() 函数可以设置画笔状态，其中，penup() 函数用于提起画笔，pendown() 函数用于放下画笔。修改画笔状态的示例代码如下：

```
import turtle
turtle.penup()                     # 提起画笔
turtle.pendown()                   # 放下画笔
turtle.done()
```

turtle 库为 penup() 和 pendown() 函数定义了别名，penup() 函数的别名为 pu()，pendown() 函数的别名为 pd()。

7.3.3 绘制图形

在画笔状态为放下时，通过移动画笔可以在画布上绘制图形。此时可以将画笔想象成一只海龟：海龟落在画布上，它可以向前、向后、向左、向右移动，海龟移动时在画布上留下痕迹，痕迹即所绘图形。

为了使图形出现在理想的位置，我们需要了解 turtle 的坐标体系。turtle 的坐标体系以窗口中心为原点，右方为默认朝向，原点右方为 x 轴正方向，原点上方为 y 轴正方向。turtle 的坐标体系如图 7-2 所示。

了解了 turtle 的坐标体系后，如果希望在画布上绘制想要的图形，需要知道如何通过 turtle 库的函数控制画笔。turtle 库中控制画笔的函数主要有 3 种，分别是移动控制函数、角度控制函数和图形绘制函数，关于它们的介绍如下。

1. 移动控制函数

移动控制函数包括 forward()、backward() 和 goto() 函数，分别用于控制画笔向前、向后或者向指定位置移动，这些函数的语法格式如下：

```
forward(distance)                  # 向前移动
backward(distance)                 # 向后移动
goto(x, y=None)                    # 向指定位置移动
```

函数 forward() 和 backward() 的参数 distance 用于指定画笔移动的距离，单位为像素；函数 goto() 的参数 x、y 分别表示目标位置的横坐标和纵坐标。

2. 角度控制函数

角度控制函数用于更改画笔朝向，包括 right()、left() 和 seth() 函数，这些函数的语法格式如下：

```
right(degree)                      # 向右转动
left(degree)                       # 向左转动
```

```
seth(angle)                          # 向某个方向转动
```

函数 right()和 left()的参数 degree 用于指定画笔向右与向左的角度。函数 seth()的参数 angle 用于设置画笔在坐标系中的角度。angle 以 *x* 轴正方向为 0°，以逆时针方向为正方向，角度从 0° 逐渐增大；以顺时针方向为负方向，角度从 0° 逐渐减小，角度与坐标系的关系如图 7-3 所示。

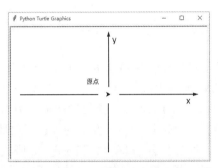

图7-2 turtle的坐标体系

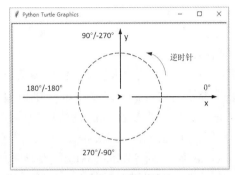

图7-3 角度与坐标系的关系

若要使画笔向左或向右移动一段距离，应先使用角度控制函数调整画笔朝向，再使用移动控制函数进行移动。接下来，以上面介绍的移动控制函数、角度控制函数为例，演示如何通过这些函数绘制边长为 200 像素的正方形，具体代码如下：

```
import turtle
turtle.forward(200)                  # 向前移动 200 像素
turtle.seth(-90)                     # 调整画笔朝向，使画笔向-90°方向
turtle.forward(200)                  # 向前移动 200 像素
turtle.right(90)                     # 调整画笔朝向，向右转动 90°
turtle.forward(200)                  # 向前移动 200 像素
turtle.left(-90)                     # 调整画笔朝向，向左转动-90°
turtle.forward(200)                  # 向前移动 200 像素
turtle.right(90)                     # 调整画笔朝向，向右转动 90°
turtle.done()
```

运行代码，窗口中绘制好的正方形如图 7-4 所示。

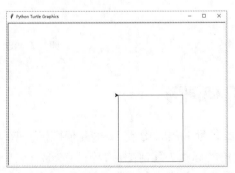

图7-4 窗口中绘制好的正方形

3. 图形绘制函数

turtle 库提供了 circle()函数，使用该函数可绘制以当前坐标为圆心，以指定像素值为半径的圆或弧。circle()函数的语法格式如下：

```
circle(radius, extent=None, steps=None)
```

上述语法格式中，参数 radius 用于设置半径，extent 用于设置角度。radius 和 extent 的取值可以是正数，也可以是负数，具体可以分成以下几种情况。

● 当 radius 为正数时，画笔以原点为起点向上绘制弧线；当 radius 为负数时，画笔以原点为起点向下绘制弧线。

● 当 extent 为正数时，画笔以原点为起点向右绘制弧线；当 extent 为负数时，画笔以原点为起点向左绘制弧线。

假设绘制半径分别为 90 和 -90 像素、角度分别为 60° 和 -60° 的弧线，绘制效果如图 7-5 所示。

参数 steps 用于设置步长，它的取值可以是整数或 None，默认值为 None，表示由 turtle 库自动选择适当的步长。若参数 steps 的取值为正数，则使用 circle() 函数可以绘制一个有 *N* 条边的正多边形；若参数 steps 的取值为负数，则使用 circle() 函数不能绘制图形。例如，在程序中写入 "turtle.circle(100, steps=3)"，程序将绘制一个边长为 100 像素的等边三角形。

在 turtle 库中可通过 fillcolor() 函数设置填充颜色，通过 begin_fill() 函数和 end_fill() 函数填充图形，实现"面"的绘制。例如，绘制一个圆形，并将圆形填充上颜色，具体代码如下：

```python
import turtle
turtle.fillcolor("red")          # 设置填充颜色
turtle.begin_fill()              # 开始填充
turtle.circle(100)
turtle.end_fill()                # 填充结束
turtle.done()
```

运行代码，填充好的圆形如图 7-6 所示。

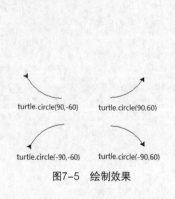

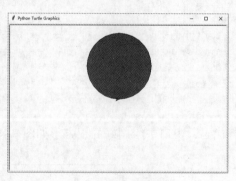

图7-5　绘制效果　　　　　　　　　图7-6　填充好的圆形

7.4 实例：绘制几何图形

本实例要求编写程序，借助 turtle 库绘制一些几何图形，效果如图 7-7 所示。

图 7-7 中，窗口左上角的标题为几何图形，窗口内部有五个图形，从左向右依次是正三角形、正菱形、正五边形、正六边形和圆形。若想实现图 7-7 的效果，我们首先需要通过 title() 函数为窗口设置标题，然后通过 pensize() 函数提前设置好画笔的尺寸，最后在窗口中从左到右依次绘制五个图形。由于圆形是以其内切正多边形近似表示的，所以这五个图形的绘制方式完全相同。

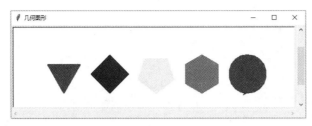

图7-7　几何图形的效果

这里以正三角形为例，分析每个图形的具体绘制过程，具体内容如下。

（1）移动画笔的位置。由于画笔默认处在原点的位置，所以这里首先需要通过 penup() 函数提起画笔，然后通过 goto() 函数将画笔移动到三角形底部的顶点位置，最后通过 pendown() 函数放下画笔。

（2）绘制图形。我们首先需要通过 begin_fill() 函数开始填充，然后通过 color() 函数指定画笔颜色为红色，通过 circle() 函数绘制图形，并在该函数中指定 steps 参数的值为 3，进而得到一个正三角形，最后调用 end_fill() 函数结束填充。

其他图形与正三角形的绘制过程相似，此处不赘述。

下面按照上述思路编写代码，实现绘制几何图形的程序，具体代码如下：

```python
import turtle
# 设置标题
turtle.title('几何图形')
# 设置画笔尺寸
turtle.pensize(3)
# 绘制正三角形
turtle.penup()
turtle.goto(-200, -50)          # 将画笔移动到正三角形底部的顶点位置
turtle.pendown()
turtle.begin_fill()
turtle.color('red')             # 设置画笔颜色为红色
turtle.circle(40, steps=3)      # 绘制图形，指定步长为 3
turtle.end_fill()
# 绘制正菱形
turtle.penup()
turtle.goto(-100, -50)          # 将画笔移动到正菱形底部的顶点位置
turtle.pendown()
turtle.begin_fill()
turtle.color('blue')            # 设置画笔颜色为蓝色
turtle.circle(40, steps=4)      # 绘制图形，指定步长为 4
turtle.end_fill()
# 绘制正五边形
turtle.penup()
turtle.goto((0, -50))           # 将画笔移动到正五边形底部的顶点位置
turtle.pendown()
turtle.begin_fill()
turtle.color('yellow')          # 设置画笔颜色为黄色
turtle.circle(40, steps=5)      # 绘制图形，指定步长为 5
turtle.end_fill()
# 绘制正六边形
```

```
turtle.penup()
turtle.goto(100, -50)          # 将画笔移动到正六边形底部的顶点位置
turtle.pendown()
turtle.begin_fill()
turtle.color('green')          # 设置画笔颜色为绿色
turtle.circle(40, steps=6)     # 绘制图形，指定步长为 6
turtle.end_fill()
# 绘制圆形
turtle.penup()
turtle.goto(200, -50)          # 将画笔移动到圆形底部的顶点位置
turtle.pendown()
turtle.begin_fill()
turtle.color('purple')         # 设置画笔颜色为紫色
turtle.circle(40)
turtle.end_fill()              # 绘制图形，不指定步长
turtle.done()
```

运行代码，计算机屏幕上会弹出一个图形窗口，该窗口中的画笔按照设定的步骤逐个绘制图形，最终绘制的效果如图 7-7 所示。

7.5　日期时间工具：time 库

在程序开发中，有诸多场景需要根据时间选择不同的处理方式，比如游戏的防沉迷系统、外卖平台的店铺营业状态管理等。Python 提供了一些与时间处理相关的标准库，包括 time、datetime 以及 calendar，其中最基础的是 time 库。time 库提供了一些常用的函数，如 time()、localtime()、gmtime()、strftime()、asctime()、ctime()、strptime()、sleep()等，通过了解这些常用函数，我们可以更好地利用 Python 进行时间处理，并在程序设计中实现更多的功能。

1. time()函数
time()函数用于返回一个用浮点数表示的时间戳，其中时间戳是指从世界标准时间 1970 年 1 月 1 日 00:00:00 到当前时间的总秒数。例如，使用 time()函数获取当前时间戳，示例如下：

```
import time
print(time.time())                                    # 获取时间戳
```

运行代码，结果如下所示：

```
1684204162.8544757
```

需要注意的是，time()函数返回的时间戳与系统时间相关，每次运行以上代码后得到的时间戳可能都会有所出入，因此以上结果仅作为参考。同样地，后续提到的与时间相关的函数，也需要格外关注其与系统时间的关联性，以获得更加准确的结果。

2. localtime()与 gmtime()函数
虽然时间戳是一种有效的计时方式，但对于人类而言却较为抽象，难以直观理解。为此，Python 提供了两个函数 localtime()和 gmtime()，用于获取结构化时间，从而帮助我们更直观地了解时间的各个部分。localtime()和 gmtime()函数的语法格式如下：

```
localtime([secs])
gmtime([secs])
```

以上格式中的参数 secs 是一个以浮点数表示的时间戳，若不传入该参数，默认使用 time()函数获取的时间戳。

localtime()和 gmtime()函数都能将时间戳转换为以元组表示的时间对象（struct_time），不过 localtime()得到的是本地时间，而 gmtime()得到的是协调世界时（Universal Time Coordinated，UTC）。

使用 localtime()函数获取结构化时间，示例如下：

```
import time
print(time.localtime())        # 获取结构化时间，默认使用当前时间戳
print(time.localtime(36.36))   # 获取结构化时间，使用指定的时间戳
```

运行代码，结果如下所示：

```
time.struct_time(tm_year=2023, tm_mon=5, tm_mday=16, tm_hour=10,
                 tm_min=44, tm_sec=0, tm_wday=1, tm_yday=136, tm_isdst=0)
time.struct_time(tm_year=1970, tm_mon=1, tm_mday=1, tm_hour=8, tm_min=0,
                 tm_sec=36, tm_wday=3, tm_yday=1, tm_isdst=0)
```

使用 gmtime()函数获取结构化时间，示例如下：

```
import time
print(time.gmtime())
print(time.gmtime(34.54))
```

运行程序，结果如下所示：

```
time.struct_time(tm_year=2023, tm_mon=5, tm_mday=16, tm_hour=3, tm_min=17,
                 tm_sec=14, tm_wday=1, tm_yday=136, tm_isdst=0)
time.struct_time(tm_year=1970, tm_mon=1, tm_mday=1, tm_hour=0, tm_min=0,
                 tm_sec=36, tm_wday=3, tm_yday=1, tm_isdst=0)
```

以上代码输出的结果表示时间对象，该时间对象其实是元组，元组中包含 9 项元素，各项元素的含义与取值如表 7-3 所示。

表 7-3　时间对象元组中元素的含义与取值

元素	含义	取值
tm_year	年	4 位数字
tm_mon	月	1～12
tm_mday	日	1～31
tm_hour	时	0～23
tm_min	分	0～59
tm_sec	秒	0～61，60 或 61 是闰秒
tm_wday	一周的第几日	0～6，0 表示周一，其他数字以此类推
tm_yday	一年的第几日	1～366
tm_isdst	夏令时	1 表示夏令时，0 表示非夏令时，−1 表示不确定

3. strftime()和 asctime()函数

无论是采用浮点数还是元组形式表示的时间，其实都不符合人们的认知习惯。人们日常接触的时间，常见的表示形式有"2023–02–28 12:30:45""12/31/2022 12:30:45"和"2022年 12 月 31 日 12:30:45"。为了方便人们理解时间信息，Python 提供了 strftime()和 asctime()函数，用于返回格式化后的时间字符串。下面分别介绍这两个函数。

（1）strftime()函数

strftime()函数用于将时间对象按照指定格式转换为可读性强的时间字符串，该函数的语

法格式如下：

```
strftime(format, p_tuple=None)
```

上述语法格式中，参数 format 表示时间格式的字符串，字符串中包含一些时间格式控制符；参数 p_tuple 表示时间对象，默认值为当前时间，即 localtime()函数返回的时间对象。

时间格式控制符是 time 库预定义的，用于控制不同时间或时间成分，time 库中常用的时间格式控制符及其功能说明如表 7-4 所示。

表 7-4   时间格式控制符及其功能说明

时间格式控制符	功能说明
%Y	4 位数的年份，取值范围为 1～9999
%m	月份，取值范围为 1～12
%d	月中的一天
%B	本地完整的月份名称，如 January
%b	本地简化的月份名称，如 Jan
%a	本地简化的周日期
%A	本地完整的周日期
%H	24 小时制小时，取值范围为 0～23
%I	12 小时制小时，取值范围为 1～12
%p	上午或下午，取值分别为 AM 或 PM
%M	分钟，取值范围为 00～59
%S	秒，取值范围为 00～59

例如，使用 strftime()函数将当前时间对应的时间对象按照"年–月–日 时:分:秒"格式输出，示例如下：

```
import time
now_string = time.strftime("%Y-%m-%d %H:%M:%S")
print(now_string)
```

运行代码，结果如下所示：

```
2023-05-16 13:28:20
```

若只使用部分时间格式控制符，可仅对时间对象中的相关部分进行格式化与输出。例如只设定控制小时、分钟、秒的 3 个格式符，则只输出 24 小时制小时、分钟、秒，示例代码如下：

```
import time
now_string = time.strftime('%H:%M:%S')   # 格式化部分时间对象
print(now_string)
```

运行代码，结果如下所示：

```
13:28:20
```

（2）asctime()函数

asctime()函数同样用于将时间对象转换为可读性强的时间字符串，但它只能转换为"Sat Jan 13 21:56:34 2018"这种形式。asctime()函数的语法格式如下：

```
asctime(p_tuple=None)
```

以上格式中的参数 p_tuple 与和 strftime()函数的参数 p_tuple 意义相同，此处不赘述。

使用 asctime()函数返回格式化的时间字符串，示例如下：

```
import time
now_string = time.asctime()          # 将本地时间对应的时间对象转换为时间字符串
print(now_string)
gmtime = time.gmtime()               # 将 UTC 对应的时间对象转换为时间字符串
print(time.asctime(gmtime))
```

运行代码，结果如下所示：

```
Tue May 16 13:40:53 2023
Tue May 16 05:40:53 2023
```

4. ctime()函数

ctime()函数用于将一个时间戳转换为"Sat Jan 13 21:56:34 2018"这种形式的时间字符串，效果等同于 asctime()函数。若没有向 ctime()函数传入任何参数，则默认使用 time()函数的运行结果作为参数。示例如下：

```
import time
print(time.ctime())                  # 将当前时间戳转换为时间字符串
print(time.ctime(36.36))             # 将指定的时间戳转换为时间字符串
```

运行代码，结果如下所示：

```
Tue May 16 13:47:14 2023
Thu Jan  1 08:00:36 1970
```

5. strptime()函数

strptime()函数用于将格式化的时间字符串转换为时间对象，该函数是 strftime()函数的反函数。strptime()函数的语法格式如下：

```
strptime(string, format)
```

以上格式中的参数 string 表示格式化的时间字符串，format 表示包含时间格式控制符的字符串，string 与 format 使用的格式必须统一。

使用 strptime()函数将格式化的时间字符串转换为时间对象，示例如下：

```
import time
print(time.strptime('Sat,11 Apr 2023 11:54:42', '%a,%d %b %Y %H:%M:%S'))
print(time.strptime('11:54:42', '%H:%M:%S'))
```

运行代码，结果如下所示：

```
time.struct_time(tm_year=2023, tm_mon=4, tm_mday=11, tm_hour=11,
        tm_min=54, tm_sec=42, tm_wday=5, tm_yday=101, tm_isdst=-1)
time.struct_time(tm_year=1900, tm_mon=1, tm_mday=1, tm_hour=11, tm_min=54,
            tm_sec=42, tm_wday=0, tm_yday=1, tm_isdst=-1)
```

6. sleep()函数

sleep()函数用于让程序进入睡眠状态，使程序暂时挂起，等待一定时间后再继续执行。sleep()函数接收一个以秒为单位的整数或浮点数作为参数，使用该参数控制程序睡眠的时长。

使用 sleep()函数让程序睡眠 3s，示例如下：

```
import time
print('开始')
time.sleep(3)
print('结束')
```

运行代码，控制台立即输出"开始"，等待 3s 后才输出"结束"，结果如下：

```
开始
结束
```

7.6　实例：二十四节气倒计时

作为全球唯一的"双奥之城"，北京历经了长久的发展，展现出阳光、富强、开放、自信的中国新面貌。作为中国人，我们为自己的国家感到自豪、骄傲。

2022 年北京冬季奥运会推出了一系列与中国文化融合的活动，其中"二十四节气倒计时"彰显着中国文化的独特魅力。二十四节气代表着一年的时光流转，用它们来倒计时，体现了我们对时间的理解，以及中国人民的智慧和思想。

本实例要求运用前面所学的知识，编写一个二十四节气倒计时程序，整个程序主要分为引导语和倒计时两部分。引导语部分用于展示中文和英文的引导语，倒计时部分用于展示倒计时数字、某个节气的名称以及搭配的古诗词或谚语，每隔 1s 会切换到下一个节气的名称以及搭配的古诗词或谚语。引导语与倒计时的效果如图 7-8 所示。

(a) 引导语　　　　　　(b) 倒计时

图7-8　引导语与倒计时的效果

观察图 7-8（a）可知，引导语部分包括中文引导语和英文引导语；观察图 7-8（b）可知，倒计时部分包括圆形背景和 4 行文本，4 行文本由上至下依次是倒计时数字、节气的中文名称、节气的英文名称、与节气搭配的古诗词或谚语，这 4 行文本会跟随秒数发生变化。本实例的实现思路如下。

1. 展示引导语

展示引导语的过程非常简单，首先使用 pencolor() 函数设置画笔颜色，然后将画笔移动到合适位置后，使用 write() 函数编写中文引导语和英文引导语，最后使用 home() 函数将画笔移回到原点位置。

2. 展示倒计时

本实例用到的倒计时程序使用 24s 倒计时，它可以分为倒计时数字部分和节气数据部分两部分，展示过程比较复杂，这里分成以下步骤。

（1）准备节气数据。创建一个列表，用于保存 24 个节气，每个节气的组成部分相同，这里可以用字典保存节气数据，包括中文名称（NAME）、英文名称（EN_NAME）、与节气搭配的古诗词或谚语（POEM）。

（2）绘制倒计时画面。每一秒展示画面的内容略有不同，但过程其实是相同的，具体过程为绘制圆形背景、写倒计时数字、写节气的中文名称、写节气的英文名称、写与节气搭配的古诗词或谚语，这个过程可以封装成一个函数，当倒计时程序倒数每个秒数时调用该函数。注意，为了避免下一秒的画面与上一秒的画面重叠，在绘制下一秒画面之前需要使用 clear() 函数清除窗口。

（3）实现倒计时的功能。首先需要确定倒计时的时长，这里是 24s，然后使用 while 语句生成循环，通过循环重复执行倒计时的操作，最后在循环内部处理倒计时的操作，这里是绘制倒计时画面，使用 sleep()函数让程序睡眠 1s。

下面按照上述思路编写代码，实现二十四节气倒计时的程序，具体步骤如下。

（1）导入 turtle 和 time 模块，代码如下：

```
import turtle
import time
```

（2）创建一个列表，用于保存节气数据，代码如下：

```
1  # 准备节气数据
2  solar_terms_24 = []
3  names = ["雨水", "惊蛰", "春分", "清明", "谷雨", "立夏", "小满", "芒种",
4           "夏至", "小暑", "大暑", "立秋", "处暑", "白露", "秋分", "寒露",
5           "霜降", "立冬", "小雪", "大雪", "冬至", "小寒", "大寒", "立春"]
6  en_names = ["Rain Water", "Awakening of Insects", "Spring Equinox",
7      "Pure Brightness", "Grain Rain", "Beginning of Summer",
8      "Grain Buds", "Grain in Ear", "Summer Solstice", "Minor Heat",
9      "Major Heat", "Beginning of Autumn", "End of Heat", "White Dew",
10     "Autumn Equinox", "Cold Dew", "Frost's Descent",
11     "Beginning of Winter", "Minor Snow", "Major Snow", "Winter Solstice",
12     "Minor Cold", "Major Cold", "Beginning of Spring"]
13 poems = ["随风潜入夜 润物细无声", "春雷响 万物长", "春风如贵客 一到便繁华",
14     "清明时节雨纷纷", "风吹雨洗一城花", "天地始交 万物并秀", "物至于此 小得盈满",
15     "家家麦饭美 处处菱歌长", "绿筠尚含粉 圆荷始散芳", "荷风送香气 竹露滴清响",
16     "桂轮开子夜 萤火照空时", "天阶夜色凉如水 坐看牵牛织女星",
17     "春种一粒粟 秋收万颗子", "露从今夜白 月是故乡明", "晴空一鹤排云上",
18     "千家风扫叶 万里雁随阳", "霜叶红于二月花", "寒夜客来茶当酒",
19     "雪粉华 舞梨花", "大雪满弓刀", "冬至大如年", "凌寒独自开",
20     "燕山雪花大如席", "万紫千红总是春"]
21 for name, en_name, poem in zip(names, en_names, poems):
22     temp_dic = {}
23     temp_dic["NAME"] = name
24     temp_dic["EN_NAME"] = en_name
25     temp_dic["POEM"] = poem
26     solar_terms_24.append(temp_dic)
```

上述代码中，第 21 行代码调用 zip()函数将 names、en_names、poems 压缩成 zip 对象，该对象里面有多个元组，每个元组由 names、en_names、poems 中相同位置的元素组成，比如元组("雨水", "Rain Water", "随风潜入夜 润物细无声")，它里面的元素分别是 names、en_names、poems 中的第一个元素。

（3）定义一个函数，用于绘制倒计时画面，代码如下：

```
1  def draw_pic(secs):
2      # 清除窗口
3      turtle.clear()
4      # 绘制圆形，作为背景
5      turtle.goto(0, -250)
6      turtle.fillcolor("#b1352b")
7      turtle.begin_fill()
8      turtle.circle(250)
9      turtle.end_fill()
10     turtle.home()    # 令画笔回到原点位置
```

```
11    turtle.penup()    # 提起画笔，仍然可以写字，后面无须通过调用 pendown() 函数放下画笔
12    turtle.pencolor("white")  # 将画笔颜色修改为白色
13    turtle.seth(-90)  # 将画笔放下
14    # 写倒计时数字，即第一行文本
15    turtle.backward(10)
16    turtle.write(secs, align="center", font=("方正仿宋", 120, 'normal'))
17    # 写节气的中文名称，即第二行文本
18    turtle.forward(50)
19    name = solar_terms_24[24-secs]["NAME"]
20    turtle.write(name, align="center", font=("黑体", 30, 'normal'))
21    # 写节气的英文名称，即第三行文本
22    turtle.forward(50)
23    en_name = solar_terms_24[24-secs]["EN_NAME"]
24    turtle.write(en_name, align="center", font=("Arial", 25, 'normal'))
25    # 写与节气搭配的古诗词或谚语，即第四行文本
26    turtle.forward(50)
27    poem = solar_terms_24[24-secs]["POEM"]
28    turtle.write(poem, align="center", font=("隶书", 20, 'normal'))
29    turtle.home()    # 令画笔回到原点位置
```

上述代码中，第 16 行代码调用 write() 函数来写倒计时数字，write() 函数一般需要接收 3 个参数：arg、align、font。其中 arg 是第一个参数，表示要写的文本内容，此处的文本内容是用户自己设置的秒数 secs；参数 align 表示对齐方式，此处的值是"center"，说明文本内容与窗口居中对齐；参数 font 表示字体属性，它的值是一个形式如(字体名称,字号,字体类型)的元组，此处设置的字体属性是("方正仿宋", 120, 'normal')，说明文本内容的字体是方正仿宋，字号是 120，字体类型是正常字体。

（4）定义一个函数，用于实现倒计时的功能，代码如下：

```
def countdown(secs):
    while secs > 0:
        # 绘制倒计时画面
        draw_pic(secs)
        # 让程序睡眠 1s
        time.sleep(1)
        secs -= 1
```

（5）展示引导语和倒计时，代码如下：

```
turtle.speed(0)              # 设置画笔移动的速度
turtle.delay(0)              # 设置延迟时间，参数为 0 时表示绘图没有延迟
# 展示引导语
turtle.pencolor("black")  # 设置画笔颜色为黑色
turtle.penup()               # 提起画笔
turtle.setheading(-90)   # 将画笔放下
turtle.backward(30)        # 移动画笔到合适的位置
# 写中文引导语
turtle.write("让我们一起倒计时，迎接春的到来。", align="center",
            font=("黑体", 20, 'normal'))
turtle.forward(60)
# 写英文引导语
turtle.write("Let's greet the arrival of spring with a countdown",
            align="center", font=("Arial", 20, 'normal'))
```

```
turtle.home()   # 令画笔回到原点位置
time.sleep(3)   # 让程序睡眠 3s, 确保引导语画面能够正常显示
# 显示 24s 倒计时
turtle.pencolor("white")   # 设置画笔颜色为白色
# 定义倒计时秒数
seconds = 24
# 启动倒计时
countdown(seconds)
# 关闭画布
turtle.done()
```

运行代码，屏幕上弹出一个图形窗口，该窗口先显示引导语，过一会儿后进入倒计时画面，每隔 1s 切换一个画面，效果如图 7-9 所示。

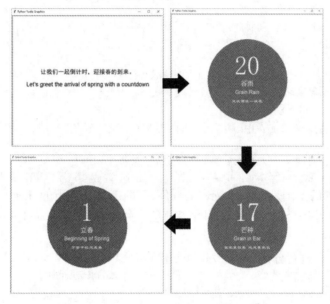

图7-9　二十四节气倒计时的效果

7.7　中文分词工具：jieba 库

jieba 是用于实现中文分词的第三方库。中文分词指的是将中文语句或语段拆成若干汉语词汇。例如，"我是一个学生"经分词系统处理之后，该语句被分成"我""是""一个""学生"这 4 个中文词汇。jieba 库支持以下 3 种分词模式。

（1）精确模式：试图将句子精准地切分开。

（2）全模式：将句子中所有可以成词的词语都扫描出来，速度非常快。

（3）搜索引擎模式：在精确模式的基础上对长词再次切分，适用于建立搜索引擎的索引。

jieba 针对以上 3 种模式提供了一系列分词函数，这些函数及其功能说明如表 7-5 所示。

表 7-5　jieba 库的分词函数及其功能说明

函数	功能说明
cut(s)	以精确模式对文本 s 进行分词，返回一个可迭代对象
cut(s, cut_all=True)	默认以全模式对文本 s 进行分词，返回文本 s 中出现的所有词

续表

函数	功能说明
cut_for_search(s)	以搜索引擎模式对文本 s 进行分词
lcut(s)	以精确模式对文本 s 进行分词，将分词结果以列表形式返回
lcut(s, cut_all=True)	以全模式对文本 s 进行分词，将分词结果以列表形式返回
lcut_for_search(s)	以搜索引擎模式对文本 s 进行分词，将分词结果以列表形式返回

下面使用表 7-5 中的部分函数，演示采用 3 种模式对中文语句进行分词的效果，示例如下：

```
import jieba
seg_list = jieba.cut("我打算到中国科学研究院图书馆学习", cut_all=True)
print("【全模式】: " + "/ ".join(seg_list))                    # 全模式
seg_list = jieba.lcut("我打算到中国科学研究院图书馆学习")
print("【精确模式】: " + "/ ".join(seg_list))                   # 精确模式
# 搜索引擎模式
seg_list = jieba.cut_for_search("我打算到中国科学研究院图书馆学习")
print("【搜索引擎模式】: " + ", ".join(seg_list))
```

运行代码，结果如下所示：

```
【全模式】: 我/ 打算/ 算到/ 中国/ 科学/ 科学研究/ 研究/ 研究院/ 图书/ 图书馆/ 图书馆学/ 书
馆/ 学习
【精确模式】: 我/ 打算/ 到/ 中国/ 科学/ 研究院/ 图书馆/ 学习
【搜索引擎模式】: 我, 打算, 到, 中国, 科学, 研究, 研究院, 图书, 书馆, 图书馆, 学习
```

jieba 实现分词的基础是词库，jieba 的词库存储在 jieba 库下的 dict 文件中，该文件中存储了中文词库以及每个词的词频、词性等信息。利用 jieba 库的 add_word()函数可以向词库中增加新词。

添加新词之后，进行分词时不会对新词进行切分。例如：

```
jieba.add_word("好天气")                           # 向词库增加新词
seg_list = jieba.lcut("今天真是个好天气")
print(seg_list)
```

运行代码，结果如下所示：

```
['今天', '真是', '个', '好天气']
```

▌▌ 多学一招：安装第三方库

Python 内置的标准库可以帮助开发人员以更快的速度完成一些复杂的任务，满足部分开发需求。如果某些需求标准库无法满足，则可以考虑使用 Python 提供的第三方库。这可以避免重复编写代码，节约开发人员的时间和精力。

第三方库不能直接在程序中导入与使用，而是需要提前安装到当前的开发环境中。第三方库的安装需要借助 pip 工具，pip 工具是通用的 Python 包或库的管理工具，它提供了查找、下载、安装、卸载 Python 包或库的功能。默认情况下，安装 Python 解释器时会自动安装 pip 工具。

使用 pip 工具安装库的命令如下：

```
pip install 库名                # 安装最新版本的库
pip install 库名==版本号        # 安装指定版本的库
```

例如，打开命令提示符窗口，安装最新版本的 jieba 库和 WordCloud 库，具体命令如下：

```
pip install jieba                # 安装最新版本的 jieba 库
pip install wordcloud            # 安装最新版本的 WordCloud 库
```

以上命令逐个执行后，可以看到命令提示符窗口中分别显示了以下信息：

```
Successfully installed jieba-0.42.1
Successfully installed wordcloud-1.8.1
```

从上述信息可以看出，在当前开发环境中成功安装了 jieba 库和 WordCloud 库，其中 jieba 库的版本为 0.42.1，WordCloud 库的版本为 1.8.1。

如果想验证开发环境中是否有这两个库，那么可以在命令提示符窗口中执行 pip list 命令进行查看。例如，使用 pip list 命令查看当前开发环境中已经安装的库，命令及执行结果如下所示：

```
C:\Users\itcast>pip list
Package          Version
---------------  -------
...
jieba            0.42.1
wordcloud        1.8.1
```

从输出结果可以看出，当前开发环境中已经安装了 jieba 库和 WordCloud 库，后续可以在程序中直接导入并使用这两个库。

需要注意的是，pip 是在线工具，它只有在联网的状态下才可以下载相应的库资源，若网络未连接或网络环境不佳，则 pip 工具将无法顺利安装第三方库。

7.8　实例：出场人物统计

《西游记》是我国古代第一部浪漫主义章回体长篇神魔小说，也是我国"古典四大名著"之一。全书主要描写了唐僧、孙悟空、猪八戒、沙僧和白龙马一同西行取经，历经九九八十一难到达西天见到如来佛祖，最终五圣成真的故事。《西游记》篇幅巨大、出场人物繁多。本实例要求读者编写程序，读取 xiyouji.txt 文件并统计《西游记》中的关键人物（指出场次数排在前 10 名的人物）的出场次数。

为了统计小说中的出场人物，我们首先需要读取 xiyouji.txt 文件的全部内容并进行分词，然后统计每个中文词语的出现次数，最后输出它们及其出现次数。考虑到小说中可能出现一些无意义的语气助词或与人物无关的词语，这里需要进行筛选和删除。本实例的实现思路如下。

（1）读取小说的全部内容

小说的内容保存在 xiyouji.txt 文件中，我们可以使用 open() 函数打开 xiyouji.txt 文件，使用 read() 方法从该文件中读取全部的内容，使用 close() 方法及时关闭不再使用的文件，关于文件操作的知识会在第 8 章详细介绍。

（2）统计中文词语及其出现次数

统计中文词语之前需要先对小说的全部内容进行分词操作，以得到所有可以成词的词语。我们可以使用 jieba 库的 lcut() 函数实现分词操作。

有了所有的词语之后，便可以统计每个词语的出现次数。考虑到词语和出现次数是一一对应的，且出现次数实时变化，因此，我们可以创建一个字典保存词语和出现次数。

小说中部分人物有多个称谓，比如孙悟空这个角色的称谓有悟空、大圣、行者、老孙等，唐僧这个角色的称谓有唐僧、师父、三藏、长老等，沙僧这个角色的称谓有沙僧、悟净、沙和尚等。本实例以这三个人物为例，因此，我们需要对这三个人物进行单独处理，如果人物是这三个角色，则需要将人物统一称为悟空、唐僧和沙僧后统计出现次数；如果人物是其他角色，则直接统计出现次数。

（3）删除无意义的词语

无意义词语包括语气助词、与人物无关的词，例如"我们""如何"等。由于不同文本内容包含的词语各有不同，无意义词语的定义也各有不同。因此，我们需要结合小说全部内容的特点，从中选择一些常见的无意义的词语，具体如下：

> "一个"，"那里"，"怎么"，"我们"，"不知"，"两个"，"甚么"，"只见"，"不是"，
> "原来"，"不敢"，"闻言"，"如何"，"什么"

这些词语不会修改，可以直接保存到一个集合中。有了无意义的词语之后，我们需要使用 for 语句遍历集合以取出无意义的词语，将这些词语作为键，根据键查找字典中是否有这些词语，有这些词语就使用 del 语句删除。

（4）输出中文词语及其出现次数

考虑到小说包含的词语出现次数较多，这里会筛选出出现次数位于前十的词语。由于字典具有无序的特点，所以我们需要先将字典转换为列表，再使用 sort() 方法将列表按照从大到小的数量排序，这样一来，出现次数最多的词语会排在开头位置。

下面按照上述思路编写代码，实现出场人物统计的程序，具体代码如下：

```
1  import jieba
2  # 获取小说的全部内容
3  file = open(r"xiyouji.txt", "rb")
4  string = file.read()
5  file.close()
6  # 统计词语及其出现次数
7  words = jieba.lcut(string)
8  counts = {}
9  for word in words:
10     if len(word) == 1:
11         continue
12     elif word == "行者" or word == "大圣" or word == "老孙":
13         rword = "悟空"
14     elif word == "师父" or word == "三藏" or word == 长老":
15         rword = "唐僧"
16     elif word == "悟净" or word == "沙和尚":
17         rword = "沙僧"
18     else:
19         rword = word
20     counts[rword] = counts.get(rword, 0) + 1
21 # 删除无意义的词语
22 excludes = {"一个", "那里", "怎么", "我们", "不知", "两个", "甚么",
23             "只见", "不是","原来", "不敢", "闻言", "如何", "什么",
24             "\r\n", "不曾", "这个", "那怪"}
25 for word in excludes:
26     del counts[word]
27 # 按中文词语的出现次数排序
```

```
28 items = list(counts.items())
29 items.sort(key=lambda x: x[1], reverse=True)
30 # 输出排名前 10 的中文词语及其出现次数
31 for i in range(10):
32     word, count = items[i]
33     print(f"{word}        {count}次")
```

上述代码中，第 3～5 行代码获取小说的全部内容，其中第 3 行代码调用 open()函数打开指定路径下的文件，open()函数的第一个参数是 r"xiyouji.txt"，表示 xiyouji.txt 文件与代码文件处于同一目录下，第二个参数是"rb"，表示文件使用的打开模式是只读模式；第 4 行代码调用 read()函数从该文件中读取全部内容；第 5 行代码调用 close()方法及时关闭文件。

第 7 行代码通过 jieba 库的 lcut()函数对小说的全部内容进行分词操作，并将分词后的结果保存到变量 words 中。

第 28～29 行代码首先通过 items()方法从字典 counts 中获取所有键值对数据，通过 list()函数将所有键值对数据转换为列表，列表中包含多个元组，每个元组的第一个元素是词语，第二个元素是出现次数。然后通过 sort()方法对列表进行排序。sort()方法中参数 key 的值是一个匿名函数，用于从列表中取出元组的第二个元素，参数 reverse 的值是 True，说明值按照从大到小的顺序排列。

运行代码，结果如下所示：

```
悟空        5282 次
唐僧        4013 次
八戒        2164 次
沙僧        806 次
和尚        603 次
妖精        599 次
菩萨        578 次
国王        442 次
徒弟        407 次
大王        312 次
```

7.9　词云工具：WordCloud 库

WordCloud 是 Python 的第三方库之一，专门用于生成词云图。词云图是一种可视化形式，可以将文本中出现频率高的关键词制作成不同形状的图形，例如云朵、圆形、矩形、心形、星形等。在生成词云图的过程中，通常会根据词频自动调整每个词的大小，让词频高的词汇显示得更大，让词频低的词汇显示得较小，使人们能更加直观地了解文本的主题和重点。词云图示例如图 7-10 所示。

图7-10　词云图示例

WordCloud 库以文本中词语出现的频率作为参数来绘制词云图，并支持对词云图的形状、颜色和大小等属性进行设置。利用 WordCloud 库生成词云图的过程主要分为以下 3 个步骤。

（1）利用 WordCloud() 方法创建词云对象。

（2）利用 WordCloud 对象的 generate() 方法加载词云图用到的文本。

（3）利用 WordCloud 对象的 to_file() 方法生成词云图。

在使用以上步骤用到的 WordCloud() 方法在创建词云对象时可通过参数设置词云的属性，比如字号、字体、形状等。WordCloud() 方法的常用参数及功能说明如表 7-6 所示。

表 7-6　WordCloud() 方法的常用参数及功能说明

参数	功能说明
width	指定词云对象生成图片的宽度，默认为 400 像素
height	指定词云对象生成图片的高度，默认为 200 像素
min_font_size	指定词云中字体的最小字号，默认为 4 号
max_font_size	指定词云中字体的最大字号，默认根据高度自动调节
font_step	指定词云中字体字号的步长，默认为 1
font_path	指定字体文件的路径，默认为当前路径
max_words	指定词云显示的最大单词数量，默认为 200
stop_words	指定词云的排除词列表，即不显示的单词列表
background_color	指定词云图片的背景颜色，默认为黑色
mask	指定词云形状，默认为长方形

generate() 方法需要接收一个字符串作为参数，字符串中的内容便是词云图用到的文本。若字符串中的内容全部为中文文本，那么在创建词云对象时必须通过 font_path 参数指定字体文件的路径，不指定的话将无法正常显示中文文本。

to_file() 方法用于输出词云图，该方法接收一个表示图片文件名的字符串作为参数，图片的格式可以为 PNG 或 JPEG。

接下来，以 xiyouji.txt 文件中的内容为例，简单演示通过 WordCloud 库绘制词云图，具体代码如下：

```python
import wordcloud
# 创建词云对象
w = wordcloud.WordCloud(font_path='AdobeHeitiStd-Regular.otf',
    max_words=500, max_font_size=40, background_color='white')
# 加载词云图用到的文本
file = open(r'xiyouji.txt', encoding='utf-8')
string = file.read()
file.close()
w.generate(string)
# 生成词云图
w.to_file('xiyou.jpg')
```

此时在代码所在的目录下可以看到生成的词云图 xiyou.jpg，打开后如图 7-11 所示。

图7-11　词云图xiyou.jpg

　　我们在网络上见到的词云图往往是形状各异的，但上面示例生成的词云图只是普通的长方形。如果想生成如网络上的词云图一样以其他形状作为外形的词云图，需要先利用 Pillow 库中 Image 模块的 open()函数加载图片文件，open()函数的语法格式如下：

```
open(fp, mode="r", formats=None)
```

　　上述语法格式中，参数 fp 表示图片文件名，它可以取包含文件名的字符串等值；mode 参数表示打开图片文件的模式，如果给定值，则参数的值必须为 r；formats 参数表示试图加载文件的格式，它的值是一个具有格式的列表或元组。

　　open()函数加载图片文件后会返回一个图片对象，该对象无法直接传递给 WordCloud()方法的 mask 参数，而是需要先使用 NumPy 库的 array()函数将图片对象转换成数组，再将这个数组传递给 mask 参数。

　　需要说明的是，以上提到了两个库：Pillow 和 NumPy。这两个库都需要提前安装到当前的开发环境中，具体安装命令如下：

```
pip install Pillow==9.5.0
pip install numpy==1.24.3
```

　　接下来，以文件 xiyouji.txt 和孙悟空图片 wukong.png 为例，演示如何通过 WordCloud 库生成其他形状的词云图，代码如下：

```
import wordcloud
import numpy as np
from PIL import Image
picture = Image.open("wukong.png")    # 加载图片文件，返回一个图片对象
mk = np.array(picture)                # 将图片对象转换成数组
# 创建词云对象
w = wordcloud.WordCloud(font_path='AdobeHeitiStd-Regular.otf', mask=mk,
                        max_words=500, background_color='white')
file = open(r'xiyouji.txt', encoding='utf-8')
string = file.read()
file.close()
# 加载词云图用到的文本
w.generate(string)
# 生成词云图
w.to_file('xiyou.jpg')
```

　　值得一提的是，读者可能会对"from PIL import Image"这段代码产生困惑：安装的是 Pillow 库，为什么导入库后变成了 PIL 库？要解开这个困惑，需要了解 PIL 库和 Pillow 库的关系：Pillow 库起初只是 PIL 库的一个分支，后期在此基础上增加了大量特性，兼容了 PIL

库的绝大多数用法。由于 PIL 库已经停止维护，所以 Pillow 库得到了广泛的应用，并且取代了 PIL 库。为了方便开发人员使用，库的设计者并没有改变 Pillow 库的用法，导入 PIL 库其实就相当于导入 Pillow 库。

此时在代码所在的目录下可以看到生成的词云图 xiyou.jpg，效果如图 7-12 所示。

图7-12　词云图xiyou.jpg 的效果

7.10　实例：生成词云图

本实例要求根据文件 xiyouji.txt 中的内容生成一个形状如熊猫的词云图。熊猫图片和词云图分别如图 7-13（a）、（b）所示。

(a) 熊猫图片　　　　　　　　(b) 词云图

图7-13　熊猫图片和词云图

我们若希望根据图片生成指定形状的词云图，需要用到 WordCloud 库，按照 WordCloud 库的基本使用步骤即可实现。本实例的实现思路如下。

1. 创建词云对象

通过 WordCloud 库的 WordCloud()方法创建词云对象。由于词云图中包含中文文本，且词云形状是根据图片勾勒的，所以我们在创建词云对象时必须传入 font_path 和 mask 参数设置词云的字体和形状。

2. 加载词云图用到的文本

词云图的文本内容保存在文件 xiyouji.txt 中，为此我们需要通过 open()函数打开该文件，通过 read()方法从该文件中读取全部的内容。有了词云图用到的文本之后，通过 generate()方法加载文本并对文本进行一些处理。

3. 生成词云图

通过 to_file() 方法能够生成词云图。

按照上述思路编写代码，实现根据指定文件或图片生成词云图的程序，具体代码如下：

```python
import wordcloud
import numpy as np
from PIL import Image
picture = Image.open("panda.jpg")        # 加载图片文件，返回一个图片对象
mk = np.array(picture)                    # 将图片对象转换成数组
# 创建词云对象
w = wordcloud.WordCloud(font_path='AdobeHeitiStd-Regular.otf', mask=mk,
                        max_words=300, background_color='white')
# 加载词云图用到的文本
file = open(r'xiyouji.txt', encoding='utf-8')
string = file.read()
file.close()
w.generate(string)
# 生成词云图
w.to_file('xiongmao.jpg')
```

运行代码，结果如图 7-13（b）所示。

7.11　本章小结

本章主要围绕 Python 中常用的标准库和第三方库进行介绍，其中标准库包括 random 库、turtle 库、time 库等，第三方库包括 jieba 库、WordCloud 库等。通过本章的学习，读者可熟练掌握这几个库的基本用法，能够根据具体的场景选择合适的库进行开发。

7.12　习题

1. 阅读以下程序：

```python
import random
random.randrange(1, 10, 2)
```

下列选项中，不可能为程序输出结果的是（　　　）。

A. 1　　　　　　　　　　　　　　　B. 4

C. 7　　　　　　　　　　　　　　　D. 9

2. 编写程序，利用 random 库生成一个由 10 个不重复的数字（0～9）组成的列表。

3. 使用 turtle 库将画笔向后移动 50 像素的语句是＿＿＿＿＿＿。

4. 编写程序，使用 turtle 库绘制一个星形，如图 7-14 所示。

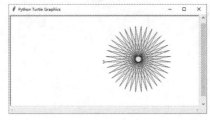

图7-14　星形

5. 阅读以下程序：

```
gmtime = time.gmtime()
time.asctime(gmtime)
```

下列选项中，可能为以上程序输出结果的是（   ）。

A. Mon Apr 13 02:05:38 2020

B. time.struct_time(tm_year=2020, tm_mon=4, tm_mday=11, tm_hour=11, tm_min=54, tm_sec=42, tm_wday=5, tm_yday=102, tm_isdst=-1)

C. 3173490635.1554217

D. 11:54:42

6. 请简述 time 库中 sleep() 函数的作用。

7. 编写程序，利用 time 库获取并输出当前年份和月份，格式为 YYYY 年 MM 月。

8. 下列函数中，能够将时间戳转换为时间元组的是（   ）。

A. localtime()   B. sleep()

C. asctime()   D. time()

9. 编写程序，仿照 7.8 节的实例，统计《三国演义》中出现的人物。

10. 请简述使用 WordCloud 库生成词云的基本步骤。

第 8 章

文件和数据格式化

● ● ● ● ●

学习目标

★ 了解文件相关概念，能够说出文件标识与文件类型

★ 掌握文件的基本操作，能够熟练完成文件的基本操作

★ 熟悉文件迭代，能够归纳文件迭代具备哪些特点

★ 了解数据的分类，能够区分一维数据、二维数据和多维数据

★ 熟悉数据的存储与读写方式，能够存储与读写一维数据和二维数据

★ 熟悉多维数据的格式，能够归纳 JSON 和 XML 格式数据的特点

文件是一种广泛使用的数据载体，它可以存储各种类型的数据，如文本、图片、程序、音频等。通常，这些数据都存储在外部介质（如硬盘）中。为了更好地管理和规范这些数据，我们需要对其进行格式化处理，以便将其存储为可读取的文件。本章将对 Python 中的文件及数据格式化进行讲解。

8.1 文件概述

为了帮助读者理解程序中的文件操作，这里先对计算机中文件的相关概念进行讲解。

1. 文件标识

文件是存储在外部介质上的数据集合。为了方便用户对文件的管理和引用，需要为每个文件确定唯一的标识。文件的标识包含三个部分，分别为文件路径、文件名主干、文件扩展名。Windows 操作系统中，文件的完整标识如图 8-1 所示。

D:\itcast\chapter08\example. dat

| 文件路径 | 文件名 | 文件 |
| | 主干 | 扩展名 |

图8-1 文件的完整标识

操作系统以文件为单位对数据进行管理，若想找到存放在外部介质上的数据，必须先按照文件标识定位到文件，再从文件中读取数据。根据图 8-1 所示的文件标识，在 Windows

操作系统中，我们可以找到路径为 D:\itcast\chapter08、文件名为 example、扩展名为.dat 的文件。

2. 文件类型

按照数据的编码方式，计算机中的文件分为文本文件和二进制文件，其中文本文件以文本形式的编码方式存储数据，常见的编码方式包括 ASCII、Unicode、UTF-8 等。文本文件以“行”为基本结构组织和存储数据；二进制文件以二进制形式存储数据，人类无法直接理解其中存储的数据，只能通过相应的软件打开文件，以直观地展示数据。常见的二进制文件包括可执行程序、图像文本、声音文本、视频文本等。

当然，计算机在物理层面上只能以二进制形式存储和处理数据，所以文本文件与二进制文件的区别不在于物理层面上的存储方式，而在于逻辑上数据的组织方式。

以使用 ASCII 编码的文本文件为例，该文件中一个字符对应一个 ASCII，占用 1 字节的存储空间。如果要在文本文件中存储整数 112185，需要将整数的每个字符转换成对应的 ASCII，并逐一以二进制形式存储到文件中，如图 8-2 所示。

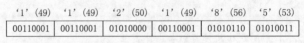

图8-2　文本文件存储形式

由图 8-2 可知，文本文件中的每个字符都要占用 1 字节的存储空间，并且在存储时需要进行二进制和 ASCII 之间的转换，因此这既消耗空间，又浪费时间。

若使用二进制文件存储整数 112185，该数据会被转换为二进制形式 110110110001110 01 存储在文件中，如图 8-3 所示。

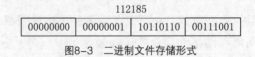

图8-3　二进制文件存储形式

对比图 8-3 和图 8-2 可以发现，使用二进制文件存储整数 112185 时只需要 4 字节的存储空间，并且不需要进行转换，既节省时间，又节省空间。但是这不够直观，需要经过转换后人们才能理解存储的信息。

3. 标准文件

Python 的 sys 模块中定义了 3 个标准文件，分别为 stdin、stdout 和 stderr，依次表示标准输入文件、标准输出文件、标准错误文件。在命令行中运行 Python 程序时，默认情况下，stdin 会关联到输入设备，如键盘；stdout 和 stderr 会关联到输出设备，如显示器。这 3 个标准文件提供了 Python 程序与用户交互的重要渠道，使程序可以读取用户的输入并将输出显示在屏幕上。

导入 sys 模块后，便可对标准文件进行操作。下面以标准输出文件 stdout 为例，演示如何向标准输出文件写入数据，示例如下：

```
import sys
file = sys.stdout
file.write("hello")                 # 向标准输出文件写入 hello
```

以上代码将标准输出文件赋给文件对象 file，又通过文件对象 file 调用 write()方法向标准输出文件写入数据“hello”。

运行代码，结果如下所示：

```
hello
```

每个终端都有其对应的标准文件，这些标准文件在终端启动的同时打开。

▌▌▌ 多学一招：计算机中的"流"

计算机中，"流"是一个抽象概念，用来表示数据在不同的输入输出设备（键盘、内存、显示器等）之间的传递过程。例如，当在一段程序中调用 input() 函数时，输入的数据会被传递到抽象的输入流，我们可以使用 sys.stdin 访问这个输入流；当调用 print() 函数时，输出的数据会被传递到抽象的输出流，我们可以使用 sys.stdout 访问这个输出流。抽象的输入流和输出流如图 8-4 所示。

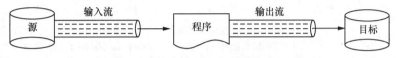

图8-4　抽象的输入流和输出流

根据数据形式，输入流、输出流可以被细分为文本流（字符流）和二进制流。文本流和二进制流之间的主要差异是：文本流中输入、输出的数据是字符或字符串，可以被修改；二进制流中输入、输出的是一系列字节，不能以任何方式修改。

8.2　文件的基本操作

对于用户而言，文件和目录以不同的形式展现，但对计算机而言，目录是文件的集合，它实质上也是一种文件。文件的基本操作包括文件的打开、关闭、读写以及创建、删除与重命名等。Python 提供了很多操作文件的方法或函数，我们可以根据需要使用这些方法或函数完成相应的文件操作。本节将针对文件的基本操作进行讲解。

8.2.1　文件的打开与关闭

在 Python 中可通过 open() 函数打开文件，该函数的语法格式如下：

```
open(file, mode='r', buffering=-1, encoding=None)
```

下面先对 open() 函数的参数进行说明。

1. 参数 file

参数 file 表示文件的路径，包括相对路径或绝对路径。若为相对路径，则 Python 解释器会在当前工作目录下搜索文件，PyCharm 中默认的工作目录为当前代码文件所在的目录。

2. 参数 mode

参数 mode 用于设置文件的打开模式，该参数的取值包括 r、w、a、b、+，这些取值代表的含义分别如下。

- r：以只读模式打开文件，为默认值。
- w：以只写模式打开文件。
- a：以追加模式打开文件。
- b：以二进制模式打开文件。
- +：以更新模式打开文件，此时文件是可读、可写的。

需要说明的是，用于设置文件打开模式的字符可以搭配使用，常用的文件打开模式如表 8-1 所示。

表 8-1 常用的文件打开模式

打开模式	含义	功能说明
r/rb	只读模式	以只读的形式打开文本文件或二进制文件，如果文件不存在或无法找到，则文件打开失败
w/wb	只写模式	以只写的形式打开文本文件或二进制文件，如果文件已存在，清空文件；若文件不存在，则创建新文件
a/ab	追加模式	以只写的形式打开文本文件或二进制文件，只允许在该文件末尾追加数据，如果文件不存在，则创建新文件
r+/rb+	读取（更新）模式	以读/写的形式打开文本文件或二进制文件，如果文件不存在，则文件打开失败
w+/wb+	写入（更新）模式	以读/写的形式创建文本文件或二进制文件，如果文件已存在，则会先清空文件内容再进行读写的操作；若文件不存在，则会创建新的文件
a+/ab+	追加（更新）模式	以读/写的形式打开文本文件或二进制文件，但只允许在文件末尾添加数据，若文件不存在，则创建新文件

3. 参数 buffering

参数 buffering 用于设置访问文件的缓冲方式，若 buffering 设置为 0，表示采用非缓冲方式；若设置为 1，表示每次缓冲一行数据；若设置为大于 1 的值，表示使用给定值作为缓冲区的大小。当然若参数 buffering 使用默认值，或被设置为负值时，表示使用默认缓冲方式，具体由设备类型决定。

4. 参数 encoding

参数 encoding 用于设置读取文件时使用的编码格式，默认值为 None，表示使用系统默认编码。参数 encoding 常见的取值主要包括以下几个。

- 'utf-8'：表示 UTF-8 编码。UTF-8 编码是一种可变长度的 Unicode 字符编码，可以表示几乎所有国际常用字符。
- 'gbk'：表示 GBK 编码。GBK 编码是用于对汉字进行编码的一种字符编码，它能够表示中文字符和少量日韩字符。

若使用 open()函数成功打开文件，会返回一个文件流；若待打开的文件不存在，则会使程序报错并给出错误信息。

下面使用 open()函数打开文本文件，并将该函数返回的文件流赋给文件对象，示例如下：

```
file1 = open('a.txt')           # 以只读模式打开文本文件 a.txt
file2 = open('b.txt', 'w')      # 以只写模式打开文本文件 b.txt
file3 = open('c.txt', 'w+')     # 以读/写模式打开文本文件 c.txt
file1 = open('a.txt', 'wb+')    # 以读/写模式打开二进制文件 a.txt
```

假设打开文件 a.txt 时，该文件尚未被创建，则会产生以下错误信息：

```
Traceback (most recent call last):
  File "<stdin>", line 1, in <module>
FileNotFoundError: [Errno 2] No such file or directory: 'a.txt'
```

Python 可通过 close()方法关闭文件，使用 close()方法关闭刚刚打开的文件对象 file1，具体代码如下：

```
file1.close()
```
以上代码执行完毕后，系统会自动关闭打开的文件。计算机中可打开的文件数量是有限的，每打开一个文件，可打开的文件数量就减一；打开的文件会占用系统资源，若打开的文件过多，会降低系统性能；当文件以缓冲方式打开时，磁盘文件与内存间的读写并非即时的，若程序因异常关闭，可能因缓冲区中的数据未写入文件而产生数据丢失。因此，程序应主动关闭不再使用的文件。

值得一提的是，每次使用文件都需要调用 open() 函数和 close() 方法，这样操作起来比较烦琐。若打开与关闭之间的操作较多，很容易忘记调用 close() 方法关闭文件对象，导致占用资源和其他可能的问题。为了解决这些问题，Python 引入了 with 语句，该语句会在执行完毕前自动调用 close() 方法，从而避免手动关闭文件。以打开与关闭文件 a.txt 为例，示例如下：

```
with open('a.txt') as file:
    pass
```
上述代码中，使用 with 语句打开名为 a.txt 的文件，with 语句内的代码块不做任何事情，但是当 with 语句执行完毕后会自动调用 close() 方法关闭文件。

多学一招：文件系统分类

文件系统分为缓冲文件系统（标准输入输出）和非缓冲文件系统（系统输入输出）。若为缓冲文件系统，系统会在内存中为正在处理的程序开辟一个空间作为缓冲区。若需从磁盘读取数据，内核一次将数据读到输入缓冲区中，程序会先从缓冲区中读取数据，当缓冲区为空时，内核才会再次访问磁盘；反之若要向磁盘写入数据，内核也先将待输出数据放入输出缓冲区中，待缓冲区存满后再将数据一次性写入磁盘。缓冲文件系统中文件的读写过程如图 8-5 所示。

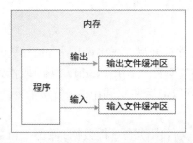

图8-5　缓冲文件系统中文件的读写过程

值得一提的是，在非缓冲文件系统中，每次读写磁盘中的数据时，都要对磁盘进行访问。相比内存与缓冲区之间的读写，内存与磁盘间的读写时间消耗更大，因此采用有缓冲的打开方式可减少内存与磁盘的交互次数，提高文件读写的效率。

8.2.2　读文件

Python 中读取文件内容的方法有很多，其中常用的方法有 read()、readline() 和 readlines()。假设现有文件 demo.txt，该文件中的内容如图 8-6 所示。

下面以文件 demo.txt 为例，分别使用 read()、readline() 和 readlines() 方法读取文件中的内容，具体介绍如下。

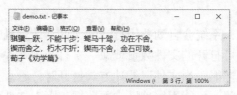

图8-6   文件demo.txt中的内容

1. read()方法

read()方法用于从指定文件中读取指定字节数或字符数的数据，该方法的语法格式如下：

```
read(size=-1)
```

read()方法中的参数 size 用于指定从文件中读取数据的字节数或字符数，默认值为-1，表示一次性从文件中读取所有数据。

下面使用 read()方法读取文件 demo.txt 中的数据，具体代码如下：

```
file = open('demo.txt', encoding='utf-8')
result = file.read(6)               # 读取 6 个字符
print(result)
result = file.read(6)               # 继续读取 6 个字符
print(result)
result = file.read()                # 读取剩余全部字符
print(result)
result = file.read()                # 再次读取，读取不到任何内容
print(result)
file.close()
```

运行代码，结果如下所示：

```
骐骥一跃，不
能十步；驽马
十驾，功在不舍。
锲而舍之，朽木不折；锲而不舍，金石可镂。
荀子《劝学篇》
```

从上述结果可以看出，文件打开后，每次调用 read()方法时，程序会从上次读取位置继续向下读取数据。由于程序在连续两次调用 read()方法读取指定数量的字符后，又继续调用 read()方法读取剩余的字符，所以最后一次调用 read()方法后读取的结果为空。

2. readline()方法

readline()方法用于从指定文件中读取一行数据，保留一行数据末尾的换行符\n。接下来，使用 readline()方法读取文件 demo.txt 中的数据，具体代码如下：

```
file = open('demo.txt', encoding='utf-8')
result = file.readline()               # 第 1 次读取，读取第一行数据
print(result)
result = file.readline()               # 第 2 次读取，读取第二行数据
print(result)
result = file.readline()               # 第 3 次读取，读取第三行数据
print(result)
result = file.readline()               # 第 4 次读取，读取不到任何内容
print(result)
file.close()
```

运行代码，结果如下所示：

骐骥一跃，不能十步；驽马十驾，功在不舍。

锲而舍之，朽木不折；锲而不舍，金石可镂。

荀子《劝学篇》

3. readlines()方法

readlines()方法用于将指定文件中的数据一次性读取出来，并将每一行数据视为一个元素，存储到列表之中。接下来，使用 readlines()方法读取文件 demo.txt 中的数据，具体代码如下：

```
file = open('demo.txt', encoding='utf-8')
result = file.readlines()      # 一次性从文件中读取所有数据
print(result)
print(type(result))            # 查看读取结果的数据类型
file.close()
```

运行代码，结果如下所示：

```
['骐骥一跃，不能十步；驽马十驾，功在不舍。\n', '锲而舍之，朽木不折；锲而不舍，金石可镂。\n',
'荀子《劝学篇》']
<class 'list'>
```

以上介绍的三个方法中，read()和 readlines()方法都可一次性读取文件中的全部数据，但这两个方法都不够安全。因为计算机的内存是有限的，若文件较大，read()和 readlines()的一次读取便会耗尽系统内存，这显然是不可取的。为了保证读取安全，通常会采用 read(size)方法，通过多次调用 read()方法，每次读取 size 个字节或字符。

8.2.3 写文件

Python 可通过 write()方法向文件中写入数据，write()方法的语法格式如下：

```
write(str)
```

以上格式中的参数 str 表示要写入文件的字符串。打开和关闭操作之间，每调用一次write()方法，程序向文件中追加一部分数据，并返回本次写入文件中的字节数或字符数。

新建一个空的文本文件 demo_new.txt，以读写模式打开文件，并向文件中写入数据，具体代码如下：

```
file = open('demo_new.txt', 'w+', encoding='utf-8') # 以读写模式打开文件
file.write("骐骥一跃，不能十步；驽马十驾，功在不舍。")# 向文件中写入一部分数据
file.write("锲而舍之，朽木不折；锲而不舍，金石可镂。")# 向文件中继续写入一部分数据
file.write("\n 荀子《劝学篇》")                      # 向文件中的下一行写入一部分数据
```

运行代码后，双击打开文件 demo_new.txt，该文件中的内容如图 8-7 所示。

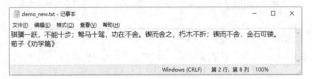

图8-7 demo_new.txt文件中的内容（1）

从图 8-7 中可以看出，文件的第一行内容是前两次调用 write()方法写入的数据；第二行内容是最后一次调用 write()方法写入的数据。不过，调用 write()方法后不会立即向文件中

写入数据，而是会先将数据放到内存单元的缓冲区，直到缓冲区存满或者关闭文件时才将缓冲区中的数据一次性写入文件，以便提高程序的写入效率。

为了验证写文件的这种现象，可以在上述代码的末尾位置加入死循环，使程序无法结束，加入的代码如下：

```
while True:
    print('我是死循环')
```

清空文本文件 demo_new.txt 中的内容，再次运行代码，可以看到控制台一直输出"我是死循环"。但是双击打开 demo_new.txt 文件可以看到，该文件中没有任何内容，说明调用 write() 方法后不会立即向文件中写入数据。

若要将数据即时写入文件，可以使用以下三种方式完成，具体如下。

1. 设置 open() 函数的 buffering 参数

通过 open() 函数的 buffering 参数可以设置文件的缓冲方式，它的值为 1 时会缓冲一行数据。在上述示例中，将 open() 函数的 buffering 参数设置为 1，修改后的代码如下：

```
# 以读写模式打开文件，设置缓冲方式
file = open('demo_new.txt', 'w+', 1, encoding='utf-8')
file.write('骐骥一跃，不能十步；驽马十驾，功在不舍。')
file.write('锲而舍之，朽木不折；锲而不舍，金石可镂。')
file.write('\n 荀子《劝学篇》')
while True:
    print('我是死循环')
```

清空文本文件 demo_new.txt 中的内容，再次运行代码，可以看到控制台不停地输出"我是死循环"，这时双击打开文件 demo_new.txt，该文件中的内容如图 8-8 所示。

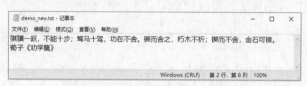

图8-8　demo_new.txt文件中的内容（2）

2. 刷新缓冲区

默认情况下，缓冲区存满时系统才将数据一次性写入文件，但若调用 flush() 方法刷新缓冲区，缓冲区会被清空，清空前会将其内部存储的数据写入文件。在上述示例中，调用 flush() 方法刷新缓冲区，修改后的代码如下：

```
file = open('demo_new.txt', 'w+', encoding='utf-8')
file.write('骐骥一跃，不能十步；驽马十驾，功在不舍。')
file.write('锲而舍之，朽木不折；锲而不舍，金石可镂。')
file.write('\n 荀子《劝学篇》')
file.flush()   # 刷新缓冲区
while True:
    print('我是死循环')
```

清空文本文件 demo_new.txt 中的内容，再次运行代码，可以看到控制台不停地输出"我是死循环"，这时双击打开文件 demo_new.txt，该文件中的内容如图 8-9 所示。

3. 关闭文件

关闭文件后系统会自动刷新缓冲区，因此可使用 close() 方法替换以上示例中的 flush() 方法，文件 demo_new.txt 中的内容仍如图 8-9 所示，此处不再演示。

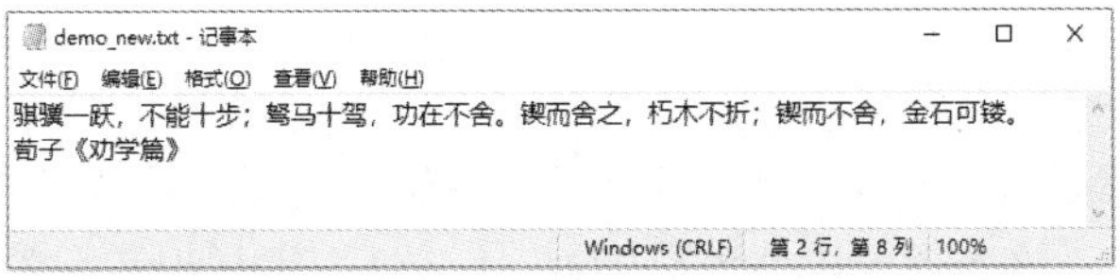

图8-9　demo_new.txt文件中的内容（3）

虽然使用上面介绍的前两个方式可以实现即时写入，但这意味着程序需要访问硬件设备，如此一来程序的运行效率将会降低。因此，若非必要，一般推荐使用 with 语句实现文件的自动关闭与刷新，示例如下：

```
with open('demo_new.txt', 'w+', encoding='utf-8') as file:
    file.write('骐骥一跃，不能十步；驽马十驾，功在不舍。')
    file.write('锲而舍之，朽木不折；锲而不舍，金石可镂。')
    file.write('\n 荀子《劝学篇》')
```

8.2.4　文件读写位置

经过 8.2.2 节和 8.2.3 节的学习可以发现，在文件的一次打开与关闭之间进行的读写操作都是连续的，程序总是从上次读写的位置继续向下进行读写操作。实际上，每个文件对象都有一个称为"文件读写位置"的属性，该属性用于记录当前的读写位置，它的值为 0 时表示当前读写位置在文件开头。

Python 提供了一些获取文件读写位置以及修改文件读写位置的方法，包括 tell()和 seek()。使用这两个方法可以实现从文件的任意位置读取数据，或者向文件的任意位置写入数据，下面将对这两个方法进行讲解。

1. tell()方法

用户可通过 tell()方法获取文件当前的读写位置，该方法会返回一个表示文件读写位置的整数，这个整数是以字节为单位，从文件的开头开始计算的。注意，若当前操作的文件包含中文字符的文本，由于一个中文字符在 UTF-8 编码标准下占用 3 个字节，所以 tell()方法返回的字节数是字符数的 3 倍。

下面以操作文件 demo.txt 为例，演示如何使用 tell()方法获取文件的读写位置，示例如下：

```
file = open('demo.txt', encoding='utf-8')
location = file.tell()      # 获取文件当前的读写位置
print(location)
file.read(5)
location = file.tell()      # 获取文件当前的读写位置
print(location)
file.close()
```

运行代码，结果如下所示：

```
0
15
```

从上述第一个结果可知，程序在打开文件后获取到的文件读写位置为 0，说明当前读写位置位于文件开头；从第二个结果可知，程序在读取完 5 个字符后获取到的文件读写位置为 15 个字节，说明当前的文件读写位置位于第 6 个字符前面。

2. seek()方法

一般情况下，文件的读写是按顺序的，但并非每次读写都需从当前位置开始。Python 提供了 seek()方法，使用该方法可以控制文件的读写位置，实现文件的随机读写。seek()方法的语法格式如下：

```
seek(offset, from)
```

seek()方法中的参数 offset 表示偏移量，即读写位置需要移动的字节数；参数 from 用于指定文件的读写位置，该参数的取值可以为 0、1 或 2，其中 0 表示文件开头，1 表示当前读写位置，2 表示文件末尾。seek()方法调用成功后会返回当前读写位置。

下面以读写文件 demo.txt 为例，seek()的用法如下所示：

```
file = open('demo.txt', encoding='utf-8')
file.seek(6, 0)            # 从开头处偏移 6 个字节或 2 个字符
result = file.read(5)      # 从当前读写位置读取 5 个字符的数据
print(result)
file.close()
```

运行代码，结果如下所示：

```
一跃，不能
```

从上述结果可以看出，程序读取的内容是"一跃，不能"，即第 2 个字符往后的 5 个字符，说明此时程序在打开文件后能够从文件的指定位置读取数据，不再从开头位置读取数据。

需要注意的是，若打开的是文本文件，那么 seek()方法只允许相对于文件开头移动读写位置，若 seek()方法的参数 from 值为 1、2，那么对读写位置进行位移操作时会产生错误。例如，将上述示例的第 2 行代码进行修改，修改后的代码如下：

```
file.seek(6, 1)            # 开头处移动 6 个字节或 2 个字符
```

再次运行代码，结果如下所示：

```
Traceback (most recent call last):
  ...
    file.seek(6, 1)                  # 开头处移动 6 个字节或 2 个字符
    ^^^^^^^^^^^^^^^
io.UnsupportedOperation: can't do nonzero cur-relative seeks
```

若要想对当前读写位置或文件末尾进行位移操作，需以二进制、只读模式打开文件，示例如下：

```
file = open('demo.txt', 'rb')     # 以二进制、只读模式打开文本
location = file.seek(5, 0)
print(location)
location = file.seek(4, 1)
print(location)
location = file.seek(5, 2)
print(location)
location = file.seek(-3, 2)
print(location)
file.close()
```

运行代码，结果如下所示：

```
5
9
150
142
```

8.2.5 文件与目录管理

除 Python 内置的方法外，os 模块还提供了一些常见的文件或目录操作函数，可以用于

删除文件、重命名目录或文件、创建与删除目录、获取当前目录、更改默认目录与获取目录列表等。使用这些函数之前，需要先导入 os 模块，具体代码如下：

```
import os
```

下面将介绍如何使用 os 模块中的函数对文件或目录进行操作。

1. 删除文件

使用 os 模块中的 remove()函数可删除指定目录下的文件，若待删除的文件不存在，则会导致程序报错。remove()函数的语法格式如下：

```
remove(path)
```

以上语法格式中，参数 path 表示待删除文件的路径，取值可以为绝对路径或相对路径，若该参数为文件的名称，则表明删除当前目录下的文件。

例如，删除当前目录下的文件 demo_new.txt，代码如下：

```
os.remove('demo_new.txt')
```

经以上操作后，当前目录下已经没有文件 demo_new.txt。

2. 重命名目录或文件

使用 os 模块中的 rename()函数可以重命名目录或文件，该函数要求目标目录或文件必须存在，不存在会导致程序报错。rename()函数的语法格式如下：

```
rename(src, dst, *, src_dir_fd=None, dst_dir_fd=None)
```

以上语法格式中，参数 src 表示旧的目录名或文件名，dst 表示新的目录名或文件名。

src_dir_fd 表示旧目录或文件所在的文件描述符，如果指定了此参数，则会将 src 视为 src_dir_fd 指定目录的相对路径。例如，重命名/home/user/documents/file.txt，src_dir_fd 参数指定的文件描述符为/home/user，src 参数的值可以简化为 documents/file.txt，而不需要使用绝对路径。

dst_dir_fd 表示新目录或文件所在的文件描述符，如果指定了此参数，则会将 dst 视为 dst_dir_fd 指定目录的相对路径。

例如，在当前目录下创建文件 a.txt，将该文件重命名为 demo_new，代码如下：

```
os.rename('a.txt', 'demo_new.txt')
```

经以上操作后，当前路径下的文件 a.txt 被重命名为 demo_new.txt。

3. 创建或删除目录

使用 os 模块中的 mkdir()或 rmdir()函数可以创建或删除目录，必须向这两个函数都传入一个目录名。

例如，使用 mkdir()函数创建名为 a 的目录，代码如下：

```
os.mkdir('a')
```

经以上操作后，当前目录下增加了一个名为 a 的目录。需要注意的是，待创建的目录不能与已有目录重名，否则将创建失败。

例如，使用 rmdir()函数删除名为 a 的目录，代码如下：

```
os.rmdir('a')
```

经以上操作后，当前路径下的目录 a 将被删除。

4. 获取当前目录

当前目录即 Python 解释器当前的工作路径。os 模块中的 getcwd()函数用于获取当前目录，调用该函数后会返回当前目录的绝对路径，具体示例如下：

```
result = os.getcwd()
print(result)
```

运行代码，结果如下所示：

```
D:\PythonProject\chapter08
```

5. 更改默认目录

os 模块中的 chdir()函数用来更改默认目录。若在对文件或目录进行操作时，传入的是文件名而非路径名，Python 解释器会从默认目录中查找指定文件，或将新建的文件放在默认目录下。若没有特别设置，当前目录即默认目录。

使用 chdir()函数更改默认目录为 "E:\\"，再次使用 getcwd()函数获取当前目录，具体示例如下：

```
os.chdir('E:\\')          # 更改默认目录
result = os.getcwd()      # 获取当前目录
print(result)
```

运行代码，结果如下所示：

```
'E:\'
```

6. 获取目录列表

在实际应用中，常常需要先获取指定目录下的所有文件，再对目标文件进行相应操作。os 模块提供了 listdir()函数，使用该函数可以便捷地获取存储在指定目录下的所有文件列表。例如，获取当前目录下的所有文件列表，代码如下：

```
dirs = os.listdir('./')
print(dirs)
```

运行代码，结果如下所示：

```
['.idea', 'demo.txt', 'demo_new.txt', 'first.py', 'test.py']
```

8.3　文件迭代

迭代是一个过程的多次重复，在 Python 中，实现了 _ _iter_ _()方法的对象都是可迭代对象，比如序列、字典等。文件对象也是可迭代对象，这意味着可以在循环中通过文件对象自身遍历文件内容，示例如下：

```
file = open('demo.txt', encoding='utf-8')
for line in file:    # 遍历文件对象
    print(line, end='')
file.close()
```

运行代码，结果如下所示：

```
骐骥一跃，不能十步；驽马十驾，功在不舍。
锲而舍之，朽木不折；锲而不舍，金石可镂。
荀子《劝学篇》
```

迭代器有"记忆"功能，若在第一次循环中只输出了部分文件内容，后续再次通过循环获取文件内容时会从上次获取到的文件内容后开始输出。

假设现有文件 test.txt，文件中的内容如图 8–10 所示。

图8–10　文件test.txt中的内容

编写代码，在两个有先后次序关系的循环中以迭代的方式各输出两行文件内容，具体代码如下：

```
file = open("test.txt", encoding="utf-8")
print("---第一次输出---")
i = 1
for line in file:
    print(line, end="")
    i += 1
    if i == 3:
        break
print("---第二次输出---")
i = 1
for line in file:
    print(line, end="")
    i += 1
    if i == 3:
        break
file.close()
```

运行代码，结果如下所示：

```
---第一次输出---
1      万里长城
2      兵马俑
---第二次输出---
3      圆明园
4      红旗渠
```

从上述结果可以看出，程序第一次输出了文件中的前两行内容，第二次输出了第三、四行内容，这证明迭代器具有记忆功能。

8.4　实例：用户登录

用户登录是许多软件常见的功能，它一般需要用户提供用户名和密码等用于验证身份的有效凭证，从而获得对软件的访问权限。不过，用户登录涉及用户的个人隐私信息，这些信息在传输时容易被"黑客"盗用、篡改或截获，对用户的个人隐私信息安全构成威胁。

我们作为网络环境的一员，需要加强自己的信息安全意识，提高密码的复杂度和使用频率，不轻易泄露自己的账户信息，定期更换和更新密码，从而保障自己在网络上的信息安全。

本实例要求编写程序，实现用户登录功能，此处的用户登录分为管理员登录和普通用户登录两种情况。为了清晰地说明用户登录功能的业务逻辑，此处绘制了业务逻辑的程序流程图，具体如图 8-11 所示。

图 8-11 中，用户使用软件时，系统会先判断用户是否为首次使用：若是首次使用，则进行初始化操作，否则进行选择用户类型的操作。用户类型分为管理员和普通用户两种，若选择管理员，则直接进行管理员登录的操作；若选择普通用户，则先询问用户是否需要注册，若需要注册，则注册后再进行普通用户登录的操作，否则直接进行普通用户登录的

操作。

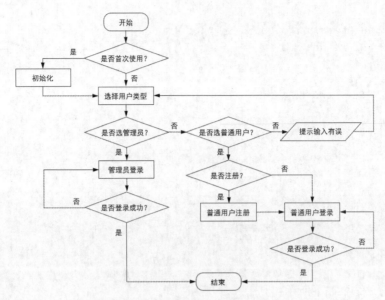

图8-11　用户登录功能业务逻辑的程序流程图

根据以上功能分析，用户管理模块应包含以下文件。

● 标识位文件 flag。该文件用于检测用户是否为首次使用系统，它的初始数据为 0，在首次启动软件后系统会将数据修改为 1。

● 管理员账户文件 u_root。该文件用于保存管理员的账户数据，该账户在程序中设置。

● 普通用户账户文件。该文件用于保存普通用户注册的账户，每个用户对应一个账户文件，普通用户账户文件统一存储于普通用户文件夹 users 中。

结合上面描述的功能设计程序，用户登录模块应包含的函数及其功能分别如下。

● main()：程序的入口。

● c_flag()：标识位文件更改。

● init()：信息初始化。

● print_login_menu()：输出登录菜单。

● user_select()：用户类型选择。

● root_login()：管理员登录。

● user_register()：用户注册。

● user_login()：普通用户登录。

下面逐个实现以上各个函数的功能，具体内容如下。

（1）main()函数是整个程序的入口，该函数用于判断用户是否为首次使用系统，为保证每次读取到的为同一个标识位对象，这里将标识位对象值存储到文件 flag 之中。每次启动程序时都先调用 main()函数，打开 flag 文件，从该文件中读取数据进行判断，之后根据判断结果执行不同的分支：若标识位对象值为 0，说明为首次使用，需要更改标识位文件内容、初始化资源、输出登录菜单、接收用户选择；若标识位对象值为 1，说明不是首次启动，直接输出登录菜单，并接收用户选择。

根据以上分析，main()函数的具体实现如下：

```
# 判断是否为首次使用系统
def main():
    flag = open("flag")
    word = flag.read()
    if word == "0":
        print("首次启动！")
        flag.close()              # 关闭文件
        c_flag()                  # 更改标识位对象值为 1
        init()                    # 初始化资源
        print_login_menu()        # 输出登录菜单
        user_select()             # 选择用户
    elif word == "1":
        print("欢迎回来！")
        print_login_menu()
        user_select()
    else:
        print("初始化参数错误！")
```

（2）c_flag()函数用于修改 flag 文件中的内容，将在首次使用系统时被 is_fisrt_start()函数调用，该函数的实现如下：

```
# 更改标识位
def c_flag():
    file = open("flag", "w")      # 以写入模式打开文件 flag
    file.write("1")               # 将 "1" 写入 falg 文件中
    file.close()                  # 关闭文件
```

（3）首次使用系统时，需要创建管理员账户文件和普通用户文件夹，这在 init()函数中完成，init()函数的实现如下：

```
# 初始化管理员
def init():
    file = open("u_root", "w")         # 创建并打开管理员账户文件
    root = {"rnum":"root", "rpwd":"123456"}
    file.write(str(root))              # 写入管理员账户数据
    file.close()                       # 关闭管理员账户文件
    os.mkdir("users")                  # 创建普通用户文件夹
```

（4）print_login_menu()函数用于输出登录菜单，登录菜单中有两个选项，分别为管理员登录和普通用户登录，因此 print_login_menu()函数的实现如下：

```
# 输出登录菜单
def print_login_menu():
    print("----用户选择----")
    print("1-管理员登录")
    print("2-普通用户登录")
    print("---------------")
```

（5）在输出登录菜单后，系统应能根据用户输入，选择执行不同的流程。此功能在 user_select()函数中实现，该函数首先接收用户的输入，若用户输入 "1"，调用 root_login()函数进行管理员登录；若用户输入 "2"，先询问用户是否需要注册，根据用户输入的内容选择执行注册操作或登录操作。user_select()函数的实现如下：

```
# 用户选择
def user_select():
    while True:
```

```
        user_type_select = input("请选择用户类型: ")
        if user_type_select == "1":                    # 管理员登录验证
            root_login()
            break
        elif user_type_select == "2":                  # 普通用户
            while True:
                select = input("是否需要注册?（y/n）: ")
                if select == "y" or select == "Y":
                    print("----用户注册----")
                    user_register()                    # 用户注册
                    break
                elif select == "n" or select == "N":
                    print("----用户登录----")
                    break
                else:
                    print("输入有误，请重新选择")
            user_login()                               # 用户登录
            break
        else:
            print("输入有误，请重新选择")
```

（6）root_login()函数用于实现管理员登录，该函数可接收用户输入的账户和密码，将接收到的数据与存储在管理员账户文件 u_root 中的管理员账户数据进行匹配，若匹配成功则提示登录成功，并输出管理员功能菜单；若匹配失败则给出提示信息并重新验证。root_login()函数的实现如下：

```
# 管理员登录
def root_login():
    while True:
        print("****管理员登录*****")
        root_number = input("请输入账户名: ")
        root_password = input("请输入密码: ")
        file_root = open("u_root")           # 以只读模式打开 root 账户文件
        root = eval(file_root.read())        # 读取账户信息
        # 匹配数据
        if root_number == root["rnum"] and root_password == root["rpwd"]:
            print("登录成功! ")
            break
        else:
            print("验证失败! ")
```

（7）user_register()函数用于注册普通用户，该函数可接收用户输入的账户名、密码和昵称，并将这些数据保存到 users 文件夹下与用户账户名同名的文件中。user_register()函数的实现如下：

```
# 用户注册
def user_register():
    user_id = input("请输入账户名: ")
    user_pwd = input("请输入密码: ")
    user_name = input("请输入昵称: ")
    user = {"u_id": user_id , "u_pwd": user_pwd, "u_name": user_name}
    user_path = "./users/" + user_id
    file_user = open(user_path, "w") # 创建用户文件
```

```
    file_user.write(str(user))            # 写入用户数据
    file_user.close()                     # 保存关闭
```

（8）user_login()函数用于实现普通用户登录，该函数可接收用户输入的账户名和密码，并将账户名与 users 文件夹中文件列表的文件名匹配，若匹配成功，说明用户存在，进一步匹配用户密码。账户名和密码都匹配成功则提示"登录成功"，并输出用户功能菜单；若账户名不能与 users 文件夹中文件列表的文件名匹配，说明用户不存在。user_login()函数的实现如下：

```
# 普通用户登录
def user_login():
    while True:
        print("****普通用户登录****")
        user_id = input("请输入账户名: ")
        user_pwd = input("请输入密码: ")
        # 获取 users 文件夹中所有的文件名
        user_list = os.listdir("./users")
        # 遍历列表，判断 user_id 是否在列表中
        flag = 0
        for user in user_list:
            if user == user_id:
                # 打开文件
                file_name = "./users/" + user_id
                file_user = open(file_name)
                # 获取文件内容
                user_info = eval(file_user.read())
                if user_pwd == user_info["u_pwd"]:
                    flag = 1
                    print("登录成功! ")
                    break
                else:
                    print("密码有误! ")
                    break
            else:
                print("账户不存在! ")
        if flag == 1:
            break
        elif flag == 0:
            continue
```

至此，用户登录功能已全部实现，以上的所有函数都被存储在文件 userLogin.py 之中。需要注意的是，在初始化函数 init()和用户登录函数 user_login()中使用了 os 模块的函数，因此在程序文件中需导入 os 模块，在 userLogin.py 文件的首行添加导入代码，如下所示：

```
import os
```

之后在文件末尾添加如下代码：

```
if _ _name_ _ == "_ _main_ _":
    main()
```

下面分首次使用和再次使用两种情况演示，具体如下。

（1）首次使用。

在程序所在目录中创建文件 flag，打开文件并在其中写入数据"0"，保存并退出。执

行程序，程序将输出如下信息：

```
首次使用！
----用户选择----
1-管理员登录
2-普通用户登录
----------------
请选择用户类型：
```

此时查看程序所在目录，发现其中新建了文件夹 users 和文件 u_root。在控制台中输入"1"，进入管理员登录界面，分别输入正确的账户名和密码，程序的执行结果如下所示：

```
请选择用户类型：1
****管理员登录*****
请输入账户名：roo
请输入密码：12345
验证失败！
****管理员登录*****
请输入账户名：root
请输入密码：123456
登录成功！
```

由以上执行结果可知，管理员的用户名和密码匹配成功。

（2）再次使用。

再次执行程序，控制台将输出如下信息：

```
欢迎回来！
----用户选择----
1-管理员登录
2-普通用户登录
----------------
请选择用户类型：
```

由以上执行结果可知，c_flag()函数调用成功。

本次选择以普通用户登录并注册，如下所示：

```
请选择用户类型：2
是否需要注册？（y/n）：y
----用户注册----
请输入账户名：itcast
请输入密码：123123
请输入昵称：chuanzhi
****普通用户登录****
请输入账户名：it
请输入密码：123123
账户不存在！
****普通用户登录****
请输入账户名：itcast
请输入密码：123
密码有误！
****普通用户登录****
请输入账户名：itcast
请输入密码：123123
登录成功！
```

此时打开当前目录下的 users 文件夹，可看到其中新建了名为 itcast 的文件，结合以上执行结果，可知用户注册、普通用户登录功能均已成功实现。

8.5　数据维度与数据格式化

从广义上讲，维度是描述事物之间联系的概念数量，根据这些联系的数量，事物可以被分为不同的维度。例如，长度是与线有联系的概念，因此线是一维事物；长度和宽度是与长方形面积有联系的概念，因此面积为二维事物；长度、宽度和高度是与长方体体积有联系的概念，因此体积为三维事物。

计算机领域中，数据根据其与关联的参数数量可以划分为不同的维度，本节将对数据维度和与不同维度数据格式化相关的知识进行讲解。

8.5.1　基于维度的数据分类

根据组织数据时与数据有联系的参数的数量，数据可分为一维数据、二维数据和多维数据。

1.　一维数据

一维数据是具有对等关系的一组线性数据，对应数学之中的集合和一维数组，Python中，一维列表、一维元组和集合都属于一维数据。一维数据中的各个元素可通过英文逗号、空格等符号分隔。例如，我国 2023 年公布的新一线城市便是一组一维数据，通过英文逗号分隔此组数据，具体如下所示：

```
成都,重庆,杭州,西安,武汉,苏州,郑州,南京,天津,长沙,东莞,宁波,昆明,合肥,青岛
```

2.　二维数据

二维数据关联参数的数量为 2，此种数据对应数学之中的矩阵和二维数组，Python 中，嵌套列表、嵌套元组等都属于二维数据。表格是日常生活中常见的二维数据的组织形式，二维数据也称为表格数据。高三一班期中考试的成绩表就是一种表格数据，具体如图 8-12 所示。

姓名	语文	数学	英语	理综
小红	124	137	145	260
小明	116	143	139	263
小白	120	130	148	255
小兰	115	145	131	240
小刚	123	108	121	235
小华	132	100	112	210

图8-12　高三一班期中考试的成绩表

3.　多维数据

多维数据是指具有多个维度或特征的数据，它相比前两种数据而言具有更多的特征。Python 中的字典属于多维数据。多维数据在网络中十分常见，计算机中常见的多维数据格式有 HTML（Hyper Text Markup Language，超文本标记语言）、JSON（JavaScript Object Notation，JS 对象简谱）等。例如，使用 JSON 格式描述高三一班期中考试的成绩，具体如下所示：

```
"高三一班考试成绩":[
                {"姓名": "小红",
                 "语文": "124",
                 "数学": "137",
```

```
                              "英语": "145",
                              "理综": "260" };
                      {"姓名": "小明",
                       "语文": "116",
                       "数学": "143",
                       "英语": "139",
                       "理综": "263" };
                       ……
              ]
```

8.5.2 不同维度数据的存储与读写

程序中与数据相关的操作分为数据的存储与读写，下面将对如何存储与读写不同维度的数据进行讲解。

1. 数据存储

数据通常存储在文件之中，为了方便后续的读写操作，数据通常需要按照约定的组织方式进行存储。

一维数据呈线性排列，一般用特殊字符分隔，具体示例如下。

● 使用空格分隔：成都 杭州 重庆 武汉 苏州 西安 天津。

● 使用英文逗号分隔：成都,杭州,重庆,武汉,苏州,西安,天津。

● 使用&分隔：成都&杭州&重庆&武汉&苏州&西安&天津。

如上所示，存储一维数据时可使用不同的特殊字符分隔数据，但有几点需要注意。

● 同一文件或同组文件一般使用同一分隔符分隔。

● 数据的分隔符不应再作为数据出现。

● 分隔符为英文符号，一般不使用中文符号作为分隔符。

二维数据可视为多条一维数据的集合，在二维数据中，每一行或每一列都可以看作是一个独立的一维数据。国际上通用的一维数据和二维数据的存储格式为 CSV（Comma-Separated Values，逗号分隔值）。CSV 文件以纯文本形式存储二维数据，文件的每一行对应二维数据中的一条记录，每条记录由一个或多个字段组成，字段之间使用英文的逗号分隔。因为字段之间可能使用除英文逗号外的其他分隔符，所以 CSV 也称为字符分隔值。具体示例如下：

```
姓名,语文,数学,英语,理综
小红,124,137,145,260
小明,116,143,139,263
小白,120,130,148,255
小兰,115,145,131,240
小刚,123,108,121,235
小华,132,100,112,210
```

CSV 广泛应用于不同体系结构下网络应用程序之间二维数据的交换之中，它本身并无明确标准，具体标准一般由传输双方协商决定。

2. 数据读取

Windows 平台中，CSV 文件的扩展名为.csv，此种文件可通过 Excel 或记事本打开。将以上示例中 CSV 格式的数据存储到当前目录下的 score.csv 文件中，通过 Python 程序读取该文件中的数据并以列表形式输出，具体代码如下：

```
csv_file = open('score.csv')
```

```
lines = []
for line in csv_file:
    line = line.replace('\n','')
    lines.append(line.split(','))
print(lines)
csv_file.close()
```

以上程序打开文件 score.csv 后通过对文件对象进行迭代，在循环中逐条获取文件中的记录，根据分隔符“,”切割记录，将记录存储到列表 lines 之中，最后在控制台输出列表 lines。执行程序，结果如下：

```
[['姓名', '语文', '数学', '英语', '理综'], ['小红', '124', '137', '145', '260'],
['小明', '116', '143', '139', '263'], ['小白', '120', '130', '148', '255'],
['小兰', '115', '145', '131', '240'], ['小刚', '123', '108', '121', '235'],
['小华', '132', '100', '112', '210']]
```

3. 数据写入

将一维数据和二维数据写入文件中，即按照数据的组织形式，在文件中添加新的数据。接下来，在保存学生成绩的文件 score.csv 中写入每名学生的总分，具体代码如下：

```
csv_file = open('score.csv')
file_new = open('count.csv', 'w+')
lines = []
for line in csv_file:
line = line.replace('\n', '')
lines.append(line.split(','))
# 添加表头字段
lines[0].append('总分')
# 添加总分
for i in range(len(lines) - 1):
idx = i + 1
sunScore = 0
for j in range(len(lines[idx])) :
    if lines[idx][j].isnumeric():
        sunScore += int(lines[idx][j])
lines[idx].append(str(sunScore))
for line in lines:
print(line)
file_new.write(','.join(line) + '\n')
csv_file.close()
file_new.close()
```

执行以上代码，执行完成后当前目录中将新建写有学生每科成绩与总分的文件 count.csv，使用 Excel 打开该文件，文件中的内容如图 8-13 所示。

姓名	语文	数学	英语	理综	总分
小红	124	137	145	260	666
小明	116	143	139	263	661
小白	120	130	148	255	653
小兰	115	145	131	240	631
小刚	123	108	121	235	587
小华	132	100	112	210	554

图8-13 count.csv文件中的内容

由图 8-13 可知，程序成功将总分写入了文件之中。

多学一招：RFC 4180 CSV 格式标准

根据 RFC 4180 标准，CSV 文件的 MIME（Multipurpose Internet Mail Extensions，多用途互联网邮件扩展）类型定义，为大多数应用程序提供了对 CSV 格式文件满足要求的标准解决方案，具体格式规范如下：

（1）每一行记录为单独一行，用回车/换行符（\r\n）分隔。

（2）文件中最后一行记录可以有回车/换行符，也可以没有。

（3）第一行为可选的标题，此行格式与普通记录格式相同。标题要包含文件记录字段对应的名称，且与记录字段一一对应。

（4）包括标题在内的每行记录都存在一个或多个由英文逗号分隔的字段，整个文件中每行包含相同数量的字段；空格也是字段的一部分，不应被忽略；每一行记录最后一个字段后不需要逗号。

（5）每个字段可用（也可不用）英文双引号（""）包裹，如果字段没有使用双引号，那么该字段内部不能出现双引号字符。

（6）字段中若包含回车/换行符、双引号或逗号，该字段需要用双引号包裹。

如果用双引号包裹字段，那么必须在字段内的双引号前加一个双引号进行转义，如"alpha", "eir""c", "mike"。

8.5.3   多维数据的格式化

二维数据是一维数据的集合，以此类推，三维数据是二维数据的集合，但按照此种层层嵌套的方式组织数据，多维数据的表示会非常复杂。为了直观地表示多维数据，也为了便于组织和操作，对三维及以上的多维数据统一采用键值对的形式进行格式化。

网络平台上传递的数据大多是多维数据，JSON 是网络中常见的多维数据格式，它是一种轻量级的数据交换格式，其本质是一种格式化后的字符串，既易于人类阅读和编写，也易于机器解析和生成。JSON 语法是 JavaScript 语法的子集，JavaScript 语言中一切都是对象，因此 JSON 也以对象的形式表示数据。

JSON 格式的数据遵循以下语法规则。

- 数据存储在键值对 key:value 中，例如"姓名": "小明"。
- 数据的字段由英文逗号分隔，例如"姓名": "小明","语文": "116"。
- 一个大括号保存一个 JSON 对象，例如{"姓名": "小明","语文": "116"}。
- 一个中括号保存一个数组，例如[{"姓名": "小明","语文": "116"}]。

假设目前有高三一班考试成绩的 JSON 数据，具体如下所示：

```
"高三一班考试成绩":[
                    {"姓名": "小红",
                     "语文": "124",
                     "数学": "137",
                     "英语": "145",
                     "理综": "260" };
                    {"姓名": "小明",
                     "语文": "116",
                     "数学": "143",
                     "英语": "139",
```

```
                    "理综": "263" };
                    ......
            ]
```

以上数据首先是一个键值对，键为"高三一班考试成绩"，值与键通过冒号"："分隔；其次值本身是数组，该数组中存储了多名学生的成绩，通过中括号组织，其中的元素通过英文分号"；"分隔；作为数组元素的学生成绩的每项属性亦为键值对，每项属性通过英文逗号"，"分隔。

除 JSON 外，网络平台也会使用 XML、HTML 等格式组织多维数据，XML 和 HTML 采用标签的形式来组织数据，标签是一种用于标记和描述文档结构的符号，通常由尖括号包围，可以包含属性和内容。例如将学生成绩以 XML 格式存储，具体如下：

```
<高三一班考试成绩>
<姓名>小红</姓名><语文>124</语文><数学>137<数学/><英语>145<英语/><理综>260<理综/>
<姓名>小明</姓名><语文>116</语文><数学>143<数学/><英语>139<英语/><理综>263<理综/>
......

</高三一班考试成绩>
```

对比 JSON 格式与 XML、HTML 格式可知，JSON 格式更为直观，且数据属性的键只需存储一次，在网络中进行数据交换时耗费的流量更小。

8.6　本章小结

本章主要讲解了文件和数据格式化相关的知识，包括计算机中文件的定义、文件的基本操作、文件迭代、文件操作模块 os 以及数据维度和多维数据格式化等。通过本章的学习，读者能够了解计算机中文件的意义，熟练读、写文件，熟悉文件操作模块，并掌握常见的数据组织形式。

8.7　习题

1. 简单介绍文件类型。
2. 若要在文本文件末尾追加数据，正确的打开模式为＿＿＿＿。
3. 使用哪种方法可以获取文件的当前读写位置？请详细解答。
4. 简述文件使用完毕后关闭文件的原因和意义。
5. 使用 read()、readline()和 readlines()方法都可以从文件中读取数据，简述这几个方法的区别。
6. 请简述 os 模块中的 mkdir()函数的作用。
7. 编写程序，实现文件备份功能。
8. 编写程序，读取文件，输出除以#开头之外的所有行。
9. 编写程序，读取存储若干数字的文件，对其中的数字进行排序后输出。
10. 编写程序，实现九九乘法表，并将结果写入文件中。

第**9**章

面向对象编程

学习目标

★ 了解面向对象，能够区分基于面向过程和基于面向对象的编程思想

★ 了解面向对象的特性，能够说出什么是封装、继承、多态

★ 熟悉对象和类的关系，能够归纳出对象和类的关系

★ 掌握类的定义和对象的创建方式，能够通过关键字 class 定义类并创建该类的对象

★ 掌握属性，能够在程序中正确访问和修改类属性、实例属性和私有属性

★ 掌握方法，能够在程序中正确调用实例方法、类方法、静态方法和私有方法

★ 掌握构造方法的使用方式，能够在构造方法中初始化实例属性

★ 掌握封装的特性，能够在程序中实现类的封装

★ 掌握单继承、多继承的语法，能够在类中实现单继承和多继承

★ 掌握重写的方式，能够在子类中实现父类方法的重写

★ 掌握 super()函数的使用方式，能够通过 super()函数调用父类中被重写的方法

★ 掌握多态的特性，能够在程序中以多态的形式调用类中定义的方法

★ 了解异常，能够说出异常的类型以及常见的异常

★ 掌握捕获与处理异常的方式，能够选择合适的方式捕获与处理异常

★ 掌握抛出异常的方式，能够通过 raise 和 assert 语句抛出异常

  面向对象是程序开发领域的重要思想，它以模拟人类认识客观世界的方式来看待程序中的事物，将这些事物皆视为对象。Python 是一种支持面向对象编程的语言，Python 3.x 的源码是完全基于面向对象的思想设计的。因此，了解面向对象的思想对于学习 Python 编程非常重要。本章将针对面向对象编程的相关知识进行详细的讲解。

9.1　面向对象概述

9.1.1　什么是面向对象

面向对象是一种比较重要的编程思想，它以尽可能接近人类认识现实世界、解决现实问题的方式开发程序，使得开发人员能够更方便地使用。学习过其他编程语言的读者可能会想到面向过程。

面向过程是早期编程语言中大量使用的思想，基于这种思想开发程序时一般会先分析解决问题的步骤，使用函数实现每个步骤，之后按步骤依次调用函数。面向过程只考虑函数中封装的代码逻辑，而不考虑函数的归属关系。

面向对象与面向过程的关注点不同。面向对象关注的不是解决问题的过程，而是解决问题的对象。采用基于面向对象的思想开发程序时会先分析问题，将问题中的事物按照一定规则提炼成多个独立的对象，将每个对象各自的特征和行为进行封装，通过控制对象的行为来解决问题。

为了区分以上两种编程思想，接下来，通过一个五子棋游戏，带领大家感受基于面向过程的思想编程和基于面向对象的思想编程有哪些区别。

1. 基于面向过程的思想编程

进行五子棋游戏的流程可以拆分为以下步骤。

（1）开始游戏。

（2）绘制棋盘初始画面。

（3）落黑子。

（4）绘制棋盘落子画面。

（5）判断是否有输赢。若是有，则结束游戏，否则继续步骤（6）。

（6）落白子。

（7）绘制棋盘落子画面。

（8）判断是否有输赢。若是有，则结束游戏，否则返回步骤（3）。

以上每个步骤涉及的操作都可以被封装为一个函数，按以上步骤逐个调用函数，即可实现一个五子棋游戏的程序。进行五子棋游戏的流程如图 9-1 所示。

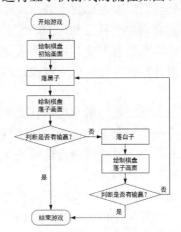

图9-1　进行五子棋游戏的流程

2. 基于面向对象的思想编程

五子棋游戏以空棋盘开局，由执黑子的玩家优先在空棋盘上落子，执白子的玩家随后落子，如此执黑、白子玩家交替落子，棋盘根据落子的具体情况实时更新画面，同时规则系统需要在绘制完落子画面后随时判断输赢情况。以此分析可知，在五子棋游戏中可以提炼出三种对象，分别是玩家、棋盘和规则系统，关于这三种对象的介绍，具体如下。

（1）玩家：执黑、白子双方，负责决定落子的位置。

（2）棋盘：负责绘制当前游戏的画面，向玩家反馈棋盘的状况。

（3）规则系统：负责判断游戏的输赢，决定游戏是继续还是结束。

以上每种对象各自具有的特征和行为如表 9-1 所示。

表 9-1　每种对象各自具有的特征和行为

	玩家	棋盘	规则系统
特征	棋子（黑子或白子）	棋盘数据	无
行为	落子	显示棋盘 更新棋盘	判定输赢

每种对象都具有自身的特征和行为，程序通过对象去控制行为，每个对象既互相独立，又互相协作。

面向对象保证了功能的统一性。例如，五子棋游戏要加入悔棋的功能，采用基于面向过程的思想开发的程序需要改动输入、判断、显示等一系列步骤，甚至还要大规模地调整步骤之间的逻辑，这显然是非常麻烦的；采用基于面向对象的思想开发程序时，因为棋盘对象保存了游戏的画面，所以仅需给棋盘对象增加回溯行为，玩家和规则系统对象不需要做任何调整。由此可见，面向对象编程更利于功能扩展和后续代码的维护。

9.1.2　面向对象的特性

面向对象有三大重要的特性，分别是封装、继承、多态。关于这三个特性的介绍如下。

1. 封装

封装是面向对象的重要特性，它指将数据和相关操作封装成一个独立的对象，以实现对数据的保护。通过封装，不仅能够避免外界直接访问对象内部的数据而造成耦合度过高及过度依赖，同时也能够阻止外界对对象内部数据的修改而可能引发的不可预知错误。

封装的核心思想是隐藏，它将对象的特征和行为隐藏起来，不让外界知道对象内部的具体实现细节。例如，人们对计算机进行封装，用户只需知道如何使用鼠标和键盘这些外部设备操作计算机，不需要知道计算机内部的具体实现原理。

2. 继承

继承描述的是类与类之间的关系，通过继承可以在无须赘述原有类的情况下，对原有类的功能进行扩展。例如，已有一个汽车类，该类描述了汽车的通用特征和功能，现要定义一个既有汽车类的通用特征和功能，又有其他特征的轿车类，可以直接先让轿车类继承汽车类，再为轿车类单独添加轿车自己的特征。

继承不仅增强了代码可复用性，提高了开发效率，也为程序的扩展提供了便利。软件开发中，类的继承性使得创建灵活且易于扩展的数据模型变得简单，能够让整个软件更具有开放性和可扩展性，减少了进行对象、类的创建和维护的工作量。

3. 多态

多态指同一个属性或方法在父类及其子类中具有不同的语义。面向对象的多态特性使得开发更科学、更符合人类的思维习惯，能有效地提高软件开发效率，缩短开发周期，提高软件可靠性。

以动物的睡觉行为为例，狗通常会蜷缩在地上闭着眼睛睡觉，鱼在睡觉时仍保持睁着眼睛的状态，而蝙蝠则倒挂在树上睡觉。狗、鱼、蝙蝠这几个对象对同一行为会做出不同的反应。在面向对象编程中，针对同一个属性或者方法，不同子类可以根据自己的特性进行不同的实现。

9.2　类与对象

9.2.1　类与对象的关系

面向对象的编程思想，力图让程序中对事物的描述与事物在现实中的形态保持一致。为了做到这一点，面向对象的思想给出了两个概念，分别是类和对象，关于它们的介绍如下。

1. 类

俗话说"物以类聚"，在具体的事物中找出共同的特征，抽象出一个一般的概念，这个过程称为"归类"。在"归类"过程中，忽略事物的非本质特征，关注与目标有关的本质特征，通过寻找事物间的共性，抽象出概念模型，从而定义类。

2. 对象

从一般意义上讲，对象是现实世界中可描述的事物，它可以是有形的，也可以是无形的。例如，从一本书到一家图书馆，从单个整数到繁杂的序列等都可以描述为对象。对象是构成世界的一个独立单位，它由数据（描述事物的特征）和作用于数据的操作（体现事物的行为）构成。从程序设计者的角度看，对象是代码模块，从用户来看，对象是提供所需功能的实体，可以通过操作对象完成相关任务。

综上所述，类是对多个对象共同特征和行为的抽象描述，是对象的模板；对象用于描述现实中的个体，它是类的实例。

为了帮助大家更好地理解类与对象，接下来，通过一个生活场景举例解释类与对象之间的关系。汽车厂商在生产汽车之前会先分析用户需求，设计汽车模型，制作设计图纸，设计图纸通过之后工厂再依照图纸批量生产汽车。设计图纸和汽车之间的关系如图 9-2 所示。

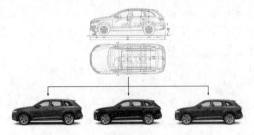

图9-2　设计图纸和汽车之间的关系

图 9-2 中的汽车设计图纸可以视为一个类，批量生产的汽车可以视为对象。由于汽车是按照同一设计图纸生产的，所以汽车对象具有许多共性。

9.2.2　类的定义

类的定义就相当于制作设计图纸，设计图纸描述了汽车的各种特征与行为，比如汽车应该有方向盘、发动机、加速器等部件，并能够执行行驶、刹车、加速、倒车等行为。同理，在程序中定义类时，可以定义描述对象特征的数据成员以及描述对象行为的成员函数，其中数据成员称为属性，成员函数称为方法。

在 Python 中使用关键字 class 定义一个类，基本语法格式如下：

```
class 类名:
    属性名 = 属性值
    def 方法名(self, 参数 1, 参数 2,...):
        方法体
```

以上格式中的关键字 class 标识类的开始；类名是类的标识符，使用大驼峰命名法，每个单词的首字母大写；冒号是必不可少的，冒号之后跟着属性和方法，属性类似于前面章节中所学的变量，方法类似于前面章节中所学的函数，但方法的第一个参数是 self，表示方法所属的对象。

需要注意的是，以上语法格式只是定义类的基本格式，其中属性其实是类属性，方法是实例方法。除此之外，Python 还提供了多种类型的属性和方法，将在本章后续各节详细探讨。

下面定义一个描述汽车的类 Car，示例代码如下：

```
class Car:
    wheels = 4                                          # 属性
    def drive(self):                                    # 方法
        print('行驶')
```

以上代码中 wheels 是属性，表示汽车的车轮数量；drive()是方法，表示汽车的行驶行为。

9.2.3　对象的创建与使用

类定义完成后不能直接使用，这就好比画好了一张汽车设计图纸，此图纸只能帮助用户了解汽车的基本结构，但不能直接给用户行驶。为满足用户的行驶需求，需要根据汽车设计图纸生产实际的汽车。同理，程序中的类需要实例化为对象才能实现其意义。

创建对象的语法格式如下：

```
对象名 = 类名()
```

例如，根据刚刚定义的 Car 类创建一个对象，代码如下：

```
car = Car()
```

有了对象之后，就可以通过对象访问属性或调用方法，获取相应的数据或者执行相应的操作。访问属性或调用方法的语法格式如下：

```
对象名.属性名
对象名.方法名(参数 1, 参数 2,...)
```

例如，使用 car 对象访问 wheels 属性并调用 drive()方法，代码如下：

```
print(car.wheels)                                       # 访问属性
car.drive()                                             # 调用方法
```

运行代码，结果如下所示：

```
4
行驶
```

从上述结果可知，程序成功访问了属性并调用了方法。

9.3　属性

属性按定义的方式可以分为两类：类属性和实例属性。它们默认可以在类的外部被随意访问，为了避免属性被随意访问，有时需要将属性设置为私有属性，以保证属性的安全。本节将对属性的相关知识进行详细的讲解。

9.3.1　类属性

类属性是定义在类内部、方法外部的属性，例如，前面 Car 类内部定义的 wheels 就是类属性。下面分别对类属性的访问和修改进行介绍。

1. 访问类属性

类属性是类和对象所共有的属性，它可以被类访问，也可以被类实例化的所有对象访问。例如，分别通过类和对象访问 Car 类的类属性 wheels，代码如下：

```
car = Car()
print(Car.wheels)              # 通过类访问类属性
print(car.wheels)              # 通过对象访问类属性
```

运行代码，结果如下所示：

```
4
4
```

从上述结果可以看出，程序通过类和对象访问到的属性值相同，说明通过类和对象都可以访问类属性。

2. 修改类属性

类属性可以通过类或对象进行访问，但只能通过类进行修改。接下来，分别通过类和对象修改 Car 类的类属性 wheels，代码如下：

```
car = Car()
Car.wheels = 5                 # 通过类修改类属性
print(Car.wheels)
print(car.wheels)
car.wheels = 6                 # 通过对象修改类属性
print(Car.wheels)
print(car.wheels)
```

以上代码首先创建了一个 Car 类的对象 car，然后通过 Car 类修改类属性 wheels 的值，分别通过类和对象访问类属性，最后通过对象 car 修改类属性 wheels 的值，分别通过类和对象访问类属性。

运行代码，结果如下所示：

```
5
5
5
6
```

观察前两个结果可知，通过类和对象访问到的类属性的值都是 5，说明通过类成功修改了类属性的值；观察后两个结果可知，通过类访问到的类属性的值仍然是 5，而通过对象访问到的类属性的值为 6，说明通过对象不能修改类属性的值。

大家此时可能会有一个疑问，为什么最后一次通过对象访问类属性的值为 6？之所以出现这种情况，是因为"car.wheels = 6"语句执行后并不会修改类属性，而是动态添加一个与类属性同名的实例属性，此时再通过"car.wheels"只能访问到新添加的实例属性，后续会有相应的介绍。

9.3.2 实例属性

通过"self.属性名=属性值"定义的属性称为实例属性，实例属性通常定义在类的构造方法中，也可以定义在其他实例方法中。另外，Python 也支持在类的外部动态添加实例属性。下面分别从访问实例属性、修改实例属性和动态添加实例属性三个方面对实例属性进行介绍。

1. 访问实例属性

实例属性只能通过对象进行访问。例如，定义包含一个实例属性的 Car 类，使用 Car 类创建对象并分别通过对象名和类名访问实例属性，代码如下：

```
class Car:
    def drive(self):
        self.wheels = 4               # 定义实例属性
car = Car()
car.drive()
print(car.wheels)                     # 通过对象访问实例属性
print(Car.wheels)                     # 通过类访问实例属性
```

以上代码中的"car.drive()"语句是必须存在的，它的作用是保证程序能够执行"self.wheels = 4"语句，实现实例属性的定义，否则 Car 类中将不会有实例属性 wheels。

运行代码，结果如下所示：

```
4
Traceback (most recent call last):
  File "D:\PythonProject\Chapter09\test.py", line 7, in <module>
    print(Car.wheels)                 # 通过类访问实例属性
          ^^^^^^^^^^
AttributeError: type object 'Car' has no attribute 'wheels'
```

分析上述结果可知，程序通过对象 car 成功地访问了实例属性 wheels。但是，通过类 Car 访问实例属性时出现了错误，说明实例属性只能通过对象访问，不能通过类访问。

2. 修改实例属性

实例属性只能通过对象进行修改。例如，在以上示例中插入修改实例属性的代码，插入后的代码如下：

```
class Car:
    def drive(self):
        self.wheels = 4               # 定义实例属性
car = Car()
car.drive()
print(car.wheels)
car.wheels = 6                        # 通过对象修改实例属性
print(car.wheels)
```

运行代码，结果如下所示：

```
4
6
```

3. 动态添加实例属性

Python 支持在类的外部通过对象动态地添加实例属性，但这些实例属性只属于某个对象，只能通过这个对象访问，而不能被其他同类型的对象访问。例如，在以上示例的末尾增加动态添加实例属性的代码，增加后的代码如下：

```python
class Car:
    def drive(self):
        self.wheels = 4                   # 定义实例属性
car = Car()
car.drive()
car.color = "红色"                         # 通过对象动态添加实例属性
print(car.color)                          # 通过对象访问实例属性
car_two = Car()
print(car_two.color)                      # 通过另一个对象访问实例属性
```

运行代码，结果如下所示：

```
红色
Traceback (most recent call last):
  File "D:\PythonProject\Chapter09\test.py", line 9, in <module>
    print(car_two.color)                  # 通过另一个对象访问实例属性
          ^^^^^^^^^^^^^
AttributeError: 'Car' object has no attribute 'color'
```

观察第一个输出结果可知，程序通过对象 car 成功访问了实例属性 color，说明成功在类外部为对象 car 添加了实例属性；观察错误信息可知，程序通过新创建的对象 car_two 无法访问实例属性 color，说明该实例属性只属于对象 car。

9.3.3　私有属性

Python 中类属性和实例属性默认是公有的。它们可以通过类或对象在类的外部随意地被访问。然而，如果某些属性保存了一些敏感或核心数据，这种做法显然不够安全。为了确保属性的安全性，Python 支持定义私有属性。这在一定程度上限制了在类的外部对属性的访问，提高了数据的安全性。

在 Python 中通过在属性名称的前面添加双下画线的方式来表示私有属性，语法格式如下：

```
_ _属性名
```

私有属性在类的内部可以直接访问，在类的外部不能直接访问，但可以通过调用方法的方式间接访问。

例如，定义一个包含私有类属性_ _color、私有实例属性_ _wheels 的 Car 类，分别在 Car 类的内部和 Car 类的外部访问私有属性，代码如下：

```python
class Car:
    _ _color = "红色"                      # 定义私有类属性
    def drive(self):
        self._ _wheels = 4                # 定义私有实例属性
    def describe_info(self):
        print(self._ _color)              # 在类的内部访问私有类属性
        print(self._ _wheels)             # 在类的内部访问私有实例属性
car = Car()
```

```
car.drive()
print(car._ _color)                      # 在类的外部直接访问私有类属性
```

运行代码，结果如下所示：

```
AttributeError: 'Car' object has no attribute '_ _color'
```

在以上示例代码的最后一行注释访问私有类属性的代码，增加在类的外部直接访问私有实例属性的代码，具体如下：

```
print(car._ _wheels)                     # 在类的外部直接访问私有实例属性
```

运行代码，结果如下所示：

```
AttributeError: 'Car' object has no attribute '_ _wheels'
```

在以上示例代码的最后一行注释访问私有实例属性的代码，增加调用 describe_info() 方法的代码，具体如下：

```
car.describe_info()
```

运行代码，结果如下所示：

```
红色
4
```

从输出结果可以得出，私有类属性和私有实例属性在类的内部可以被直接访问，在类的外部通过类的方法可以被间接访问。

9.4　方法

方法按定义的方式可以分为三类，分别是实例方法、类方法和静态方法，这些方法默认在类的外部可以被随意调用。但是，如果不希望某些方法在类的外部被随意调用，则可以将这些方法定义为私有方法。本节将对方法的相关知识进行详细的讲解。

9.4.1　实例方法

Python 中的实例方法形似函数，它定义在类内部，第 1 个参数是 self，表示方法被调用的对象本身。例如，9.3.3 节中定义的 drive()、describe_info() 都是实例方法。当调用实例方法时，self 会自动接收由系统传递的调用方法的对象。

实例方法只能通过对象调用。例如，定义一个包含实例方法 test() 的类 Car，创建 Car 类的对象，分别通过对象和类调用实例方法，代码如下：

```
class Car:
    def test(self):                      # 定义实例方法
        print("我是实例方法")
car = Car()
car.test()                               # 通过对象调用实例方法
Car.test()                               # 通过类调用实例方法
```

运行代码，结果如下所示：

```
我是实例方法
Traceback (most recent call last):
  File "D:\PythonProject\Chapter09\test.py", line 6, in <module>
    Car.test()                           # 通过类调用实例方法
    ^^^^^^^^^^
TypeError: Car.test() missing 1 required positional argument: 'self'
```

从上述结果可以看出，程序通过对象成功调用了实例方法，通过类无法调用实例方法。

在一个类中可以定义多个实例方法，当在一个实例方法中调用其他实例方法时，需要以"self.实例方法名()"的形式调用。例如，在 Car 类中定义实例方法 test2()，并在实例方法 test2()中调用实例方法 test()，代码如下：

```
class Car:
    def test(self):
        print("我是实例方法")
    def test2(self):
        self.test()      # 在实例方法内部调用其他实例方法
car = Car()
car.test2()              # 在类的外部通过对象调用实例方法
```

运行代码，结果如下所示：

```
我是实例方法
```

9.4.2　类方法

类方法是定义在类内部、使用装饰器@classmethod 修饰的方法。定义类方法的语法格式如下：

```
@classmethod
def 类方法名(cls, 参数 1, 参数 2,...):
    方法体
```

类方法的第一个参数 cls 代表类本身，它会在类方法被调用时自动接收系统传递的类，无须手动传递。

例如，定义一个包含类方法 test()的 Car 类，具体代码如下：

```
class Car:
    @classmethod
    def test(cls):               # 类方法
        print("我是类方法")
```

类方法可以通过类和对象调用。例如，分别通过类和对象调用 Car 类中定义的类方法 test()，代码如下：

```
car = Car()
car.test()               # 通过对象调用类方法
Car.test()               # 通过类调用类方法
```

运行代码，结果如下所示：

```
我是类方法
我是类方法
```

从上述结果可以看出，程序通过对象和类成功地调用了类方法。

在类方法中可以使用 cls 访问和修改类属性的值，其中访问类属性的方式为使用"cls.属性名"，修改类属性的方式为使用"cls.属性名=属性值"。例如，定义一个包含类属性、类方法的 Car 类，并在类方法中访问类属性和修改类属性的值，代码如下：

```
class Car:
    wheels = 4                   # 定义类属性
    @classmethod                 # 定义类方法
    def test(cls):
        print(cls.wheels)        # 通过 cls 访问类属性
        cls.wheels = 6           # 通过 cls 修改类属性
        print(cls.wheels)
```

```
car = Car()
car.test()
```
运行代码，结果如下所示：
```
4
6
```
从上述结果可以看出，程序在类方法中成功地访问了类属性和修改了类属性的值。

9.4.3 静态方法

静态方法是定义在类内部、使用装饰器@staticmethod 修饰的方法。定义静态方法的语法格式如下：
```
@staticmethod
def 静态方法名(参数 1, 参数 2,...):
    方法体
```
与实例方法和类方法相比，静态方法没有参数 self 或 cls。

例如，定义一个包含静态方法的 Car 类，示例代码如下：
```
class Car:
    @staticmethod                # 定义静态方法
    def test():
        print("我是静态方法")
```
静态方法可以直接通过类和对象调用。例如，创建 Car 类的对象，分别通过对象和类调用静态方法，代码如下：
```
car = Car()
car.test()                       # 通过对象调用静态方法
Car.test()                       # 通过类调用静态方法
```
运行代码，结果如下所示：
```
我是静态方法
我是静态方法
```
在静态方法内部不能直接访问属性或调用方法，但可以使用类名访问类属性或调用类方法，示例代码如下：
```
class Car:
    wheels = 4                   # 定义类属性
    @classmethod                 # 定义类方法
    def my_test(cls):
        print("我是类方法")
    @staticmethod
    def test():
        print(Car.wheels)        # 在静态方法中访问类属性
        Car.my_test()            # 在静态方法中调用类方法
car = Car()
car.test()
```
运行代码，结果如下所示：
```
4
我是类方法
```

> **脚下留心：方法重载**

接触过 Java 语言的读者，可能了解方法重载。方法重载是指在一个类中定义多个同名的方法，但要求每个方法具有不同的参数的类型或参数的个数。不过，Python 并不支持方法重载，当我们在一个类中定义了多个同名的方法时，位置靠后的方法总是会覆盖位置靠前的方法。

下面定义包含多个同名方法的类 Car，代码如下：

```
class Car:
    def test(self):
        print("我是实例方法")
    def test(self, a, b):
        print("我是有多个参数的实例方法")
    @classmethod
    def test(cls):
        print("我是类方法")
    @staticmethod
    def test():
        print("我是静态方法")
```

在类 Car 中，由上至下依次定义了四个 test() 方法，其中前两个 test() 方法是实例方法，只是参数的数量不同；后两个 test() 方法分别是类方法和静态方法。由于静态方法 test() 位置靠后，所以它会覆盖前面定义的三个方法。

创建 Car 类的对象，通过该对象调用 test() 方法，代码如下：

```
car = Car()
car.test()
```

运行代码，结果如下所示：

```
我是静态方法
```

从上述结果可以看出，程序输出了静态方法 test() 中的语句。

9.4.4　私有方法

Python 中的方法默认是公有的。它可以在类的外部通过类或对象随意地被调用。若不希望在类的外部调用方法，则可以将方法改为私有方法。Python 通过在方法名称前面添加双下画线的方式来表示私有方法，语法格式如下：

```
_ _方法名
```

私有方法只能在类的内部被调用，无法在类的外部被调用。例如，定义一个包含私有方法 _ _test() 的类 Car，分别在类的内部和类的外部调用私有方法，示例如下：

```
class Car:
    def _ _test(self):            # 定义私有方法
        print("测试")
    def drive(self):              # 在类的内部调用私有方法
        self._ _test()
car = Car()
car.drive()
car._ _test()                     # 在类的外部调用私有方法
```

运行代码，结果如下所示：

```
测试
```

```
Traceback (most recent call last):
  File "D:\PythonProject\Chapter09\test.py", line 8, in <module>
    car.__test()                        # 在类的外部调用私有方法
    ^^^^^^^^^^
AttributeError: 'Car' object has no attribute '__test'
```

从输出结果可以看出，私有方法只能在类的内部被调用，在类的外部无法被调用。

需要注意的是，虽然 Python 中约定以双下画线开头的属性或方法为私有属性或私有方法，但是实际上 Python 中并没有真正的私有属性或私有方法，而是通过名称重整机制实现访问限制。当访问私有属性或者调用私有方法时，会将私有属性或私有方法的名称进行修改，修改后的名称格式为"_类名__属性名/方法名"。

9.5 构造方法

构造方法即__init__()方法，它是类中定义的特殊方法，用于在创建对象时对对象进行初始化操作，比如给属性赋初始值等。每个类都有一个默认的构造方法，如果在定义类时显式地定义了构造方法，则创建对象时 Python 解释器会自动调用显式定义的构造方法；如果定义类时没有显式定义构造方法，那么 Python 解释器会自动调用默认的构造方法。

构造方法按照参数的有无（self 除外）可分为有参构造方法和无参构造方法。如果在类的构造方法中没有指定参数，那么构造方法就是无参构造方法，可以为属性设置初始值，这种情况下，使用无参构造方法创建的所有对象都具有相同的初始值。若希望每次创建对象时，给属性赋予不同的初始值，可以使用有参构造方法实现。在有参构造方法中，可以通过传递参数给对象的属性赋初始值，不同对象可以传递不同的参数进行初始化。

例如，定义一个类 Car，在该类中显式地定义一个有参构造方法，以及一个用于展示属性信息的 info()方法，代码如下：

```
class Car:
    def __init__(self, color, wheels):  # 定义有参构造方法
        self.color = color                # 添加属性 color
        self.wheels = wheels              # 添加属性 wheels
    def info(self):
        print(self.color)
        print(self.wheels)
```

以上代码首先在类 Car 中定义了一个有参构造方法，在该方法内部添加了两个属性 color 和 wheels，这两个属性的值由参数 color 和 wheels 的值决定；然后在 info()方法中分别访问了属性 color 和 wheels 的值。

因为定义的构造方法需要接收两个参数，所以在创建 Car 类的对象时需要传入两个参数，示例代码如下：

```
car = Car(color="红色", wheels=4)
car.info()
```

运行代码，结果如下所示：

```
红色
4
```

9.6　实例：航天器信息查询工具类

2023 年 6 月 4 日，神舟十五号载人飞船成功完成使命，预示着我国航天发展迎来了新的里程碑。从神舟一号试飞成功起，我国在过去 20 多年中不断攻克航天领域中的技术难关，靠着"航天人"的勇毅、坚韧精神和过硬的专业能力，不断发展航天技术，如今我国航天技术已经达到世界先进水平。期间取得了一系列卫星发射、载人航天和火星探测等伟大成就。我们作为新时代的接班人，也需要学习"航天人"的进取精神，勤学、苦练业务知识，为祖国的航天事业献出自己的一份力量。

本实例要求利用所学的面向对象的知识，设计一个航天器信息查询工具类，该类提供查询功能，用于根据用户输入的航天器或火箭的名称输出其对应的详细信息。航天器和火箭的简介如表 9-2 所示。

表 9-2　航天器和火箭的简介

名称	发射时间	简介
天问一号	2020 年	天问一号是我国自行研制的探测器，负责执行我国第一次自主火星探测任务
长征十一号海射运载火箭	2019 年	长征十一号是我国自主研制的一型四级全固体运载火箭，该火箭主要用于快速机动发射应急卫星，满足自然灾害、突发事件等应急情况下微小卫星发射需求
长征五号 B 运载火箭	2022 年	长征五号 B 运载火箭是专门为我国载人航天工程空间站建设而研制的一型新型运载火箭，以长征五号运载火箭为基础改进而成，是我国近地轨道运载能力最强的新一代运载火箭

本实例要求实现一个航天器信息查询工具类，可以将该类命名为 SearchTool，同时根据前面描述的信息和功能设计出 SearchTool 类的类图，具体如图 9-3 所示。

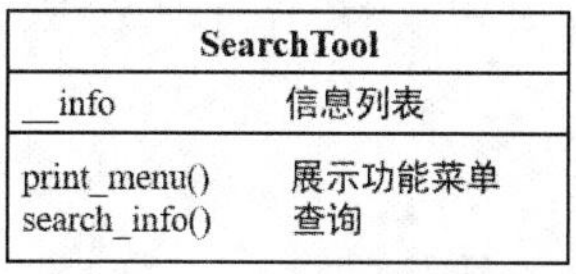

图9-3　SearchTool类的类图

关于图 9-3 中属性和方法的介绍如下。

（1）属性_ _info 表示信息列表，负责存储航天器和火箭的名称、发射时间和简介。由于表 9-2 中有多个航天器或火箭，每个航天器或火箭都有名称、发射时间和简介这几条信息，所以可以使用字典存储单个航天器或火箭的信息，使用列表存储所有航天器或火箭的信息，示例如下：

```
[{'天问一号': {'发射时间': '2020 年',
  '简介': '天问一号是我国自行研制的探测器，负责执行我国第一次自主火星探测任务。'}},
  ……
]
```

为了保证在类的外部无法访问_ _info 属性，这里需要将_ _info 定义为私有属性。

（2）print_menu()方法用于向用户展示可以查询的航天器或火箭名称。由于 print_menu()方法不涉及类或对象，只是一个通用功能，所以这里需要将 print_menu()方法定义为静态方法。

（3）search_info()方法用于根据用户输入的查询名称，返回最终查询的结果。若用户输入的查询名称不存在，则直接给出相应的提示信息；若用户输入的查询名称存在，则首先需要使用 for 语句遍历信息列表取出每个字典，然后根据查询名称获取其对应的详细信息，最后按照固定的格式输出。

下面按照图 9-3 所示的 SearchTool 类的类图，实现航天器信息查询工具类，具体代码如下：

```
class SearchTool:
    _ _info = [{'天问一号': {'发射时间': '2020 年', '简介':
        '天问一号是我国自行研制的探测器，负责执行我国第一次自主火星探测任务。'}},
            {'长征十一号海射运载火箭': {'发射时间': '2019 年', '简介': '长征十一号'
            '是我国自主研制的一型四级全固体运载火箭，该火箭主要用于快速机动发'
            '射应急卫星，满足自然灾害、突发事件等应急情况下微小卫星发射需求。'}},
            {'长征五号 B 运载火箭': {'发射时间': '2022 年', '简介': '长征五号 B 运载火'
            '箭是专门为我国载人航天工程空间站建设而研制的一型新型运载火箭，以长征五'
            '号运载火箭为基础改进而成，是我国近地轨道运载能力最强的新一代运载火箭。'}}]
    # 展示功能菜单
    @staticmethod
    def print_menu():
        print('✈' * 11)
        for info_dict in SearchTool._ _info:
            for name in info_dict:
                print(name)
        print('✈' * 11)
    # 查询
    def search_info(self):
        self.print_menu()
        search_name = input('请输入查询名称：')
        # 存储航天器和火箭的名称
        name_li = [name for i in self._ _info for name in i]
        if search_name not in name_li:  # 查询名称不存在
            print('查询名称不存在')
        else:  # 查询名称存在
            for i in self._ _info:
                for s_name, s_info, in i.items():
                    if s_name == search_name:
                        for title, detail in s_info.items():
                            print(title + ':' + detail)
```

创建 SearchTool 类的对象，并通过该对象调用实例方法 search_info()，具体代码如下：

```
tool = SearchTool()
tool.search_info()
```

运行代码，在控制台中输入查询名称"天问一号"，结果如下所示：

```
✈✈✈✈✈✈✈✈✈✈✈
天问一号
长征十一号海射运载火箭
长征五号 B 运载火箭
✈✈✈✈✈✈✈✈✈✈✈
请输入查询名称：天问一号
发射时间:2020 年
简介:天问一号是我国自行研制的探测器，负责执行我国第一次自主火星探测任务。
```

9.7　封装

封装是面向对象的重要特性之一，它的基本思想是对外隐藏类的细节，提供用于访问类成员的公开接口。如此，在类的外部不需要知道类的实现细节，只需要使用公开接口便可访问类的内容，这在一定程度上提高了类的安全性和可维护性。

为了实现封装，我们在定义类时需要满足以下两点要求。

（1）定义私有属性。

（2）添加两个供外界调用的公有方法，分别用于设置或获取私有属性值。

下面结合以上两点要求定义一个 Person 类，示例代码如下：

```python
class Person:
    def __init__(self, name):
        self.name = name                    # 姓名
        self.__age = 1                      # 年龄，默认为 1 岁，私有属性
    # 设置私有属性值的方法
    def set_age(self, new_age):
        if 0 < new_age <= 120:              # 判断年龄是否合法
            self.__age = new_age
    # 获取私有属性值的方法
    def get_age(self):
        return self.__age
```

以上定义的 Person 类中包含公有属性 name、私有属性 __age 以及公有方法 set_age()和 get_age()，其中 __age 属性的默认值为 1；set_age()方法用于设置 __age 属性值；get_age()方法用于获取 __age 属性值。

创建 Person 类的对象 person，通过 person 对象调用 set_age()方法设置 __age 属性值为 20，通过 person 对象调用 get_age()方法获取 __age 属性值。示例代码如下：

```python
person = Person("小明")
person.set_age(20)
print(f"年龄为{person.get_age()}岁")
```

运行代码，结果如下所示：

```
年龄为 20 岁
```

结合示例代码和结果进行分析：程序获取的属性值为 20，说明设置成功。由此可知，程序只能通过类提供的两个方法访问私有属性，这既保证了类内部属性的安全，又避免了随意地给属性赋值的现象。

9.8　继承

继承主要用于描述类与类之间的关系。通过继承，一个类可以从另一个类获取属性和方法，并且在不改变原有类的基础上扩展功能。若类与类之间具有继承关系，被继承的类称为父类或基类，继承其他类的类称为子类或派生类，子类会自动拥有父类的公有成员。本节将对继承的相关知识进行详细讲解。

9.8.1　单继承

单继承即子类只继承一个父类。现实生活中，波斯猫、折耳猫、短毛猫都属于猫类，它们之间存在的继承关系即单继承，关系示意如图 9-4 所示。

图9-4　单继承的关系示意

Python 中单继承的语法格式如下：

```
class 子类名(父类名):
```

子类继承父类的同时会自动拥有父类的公有成员。若在定义类时不指明类的父类，那么类默认继承基类 object。

下面定义一个表示猫的类 Cat，一个继承 Cat 类、表示折耳猫的类 ScottishFold，代码如下：

```
class Cat(object):
    def _ _init_ _(self, color):
        self.color = color
    def cry(self):
        print("喵喵叫～")
class ScottishFold(Cat):          # 定义继承 Cat 的子类 ScottishFold
    pass
fold = ScottishFold("灰色")        # 创建子类的对象
print(f"{fold.color}的折耳猫")      # 子类访问从父类继承的属性
fold.cry()                        # 子类调用从父类继承的方法
```

以上代码首先定义了一个类 Cat，Cat 类中包含 color 属性和 cry()方法；然后定义了一个继承 Cat 类的子类 ScottishFold，ScottishFold 类中没有任何属性和方法；最后创建了 Scottish-Fold 类的对象 fold，使用 fold 对象访问 color 属性以及调用 cry()方法。

运行代码，结果如下所示：

```
灰色的折耳猫
喵喵叫～
```

从以上结果可以看出，程序使用子类的对象成功地访问了父类的属性和方法，说明子类继承父类后会自动拥有父类的成员。

需要注意的是，子类不会拥有父类的私有成员，也不能访问父类的私有成员。例如，在上述示例的 Cat 类中增加一个私有属性_ _age 和一个私有方法_ _test()，增加后的 Cat 类代码如下：

```
class Cat(object):
    def _ _init_ _(self, color):
        self.color = color
        self._ _age = 1              # 增加私有属性
    def cry(self):
        print("喵喵叫～")
    def _ _test(self):              # 增加私有方法
        print("我是私有方法")
```

在示例代码的最后一行增加访问私有属性和调用私有方法的代码，代码如下：

```
print(fold.__age)              # 子类访问父类的私有属性
fold.__test()                  # 子类调用父类的私有方法
```

运行代码，出现如下所示的错误信息：

```
AttributeError: 'ScottishFold' object has no attribute '__age'
```

注释访问私有属性的代码，继续运行代码，出现如下所示的错误信息：

```
AttributeError: 'ScottishFold' object has no attribute '__test'
```

由两条错误信息可知，子类继承父类后不会拥有父类的私有成员。

9.8.2　多继承

现实生活中很多事物是多个事物的组合，它们同时具有多个事物的特征或行为，比如沙发床是沙发与床的组合，既可以折叠成沙发的形状，也可以展开成床的形状；房车是房屋和汽车的组合，既具有房屋的居住功能，也具有汽车的行驶功能。接下来，以房车为例演示多继承关系，如图 9-5 所示。

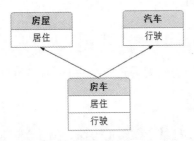

图9-5　多继承关系示意

程序中的一个类也可以继承多个类，如此一来子类具有多个父类，也会自动拥有所有父类的公有成员。Python 中多继承的语法格式如下：

```
class 子类名(父类名1, 父类名2, ...):
```

例如，定义一个表示房屋的类 House，一个表示汽车的类 Car，以及一个继承 House 和 Car 的子类 TouringCar，代码如下：

```
class House(object):
    def live(self):
        print("供人居住")
class Car(object):
    def drive(self):
        print("行驶")
# 定义一个表示房车的类 TouringCar，继承 House 和 Car 类
class TouringCar(House, Car):
    pass
tour_car = TouringCar()
tour_car.live()               # 子类对象调用父类 House 的方法
tour_car.drive()              # 子类对象调用父类 Car 的方法
```

上述代码首先定义了三个类，分别是 House、Car、TouringCar 类；然后创建了 TouringCar 类的对象 tour_car，并通过 tour_car 对象依次调用 House、Car 类的 live()和 drive()方法。

运行代码，结果如下所示：

```
供人居住
行驶
```

从以上结果可以看出，子类继承多个父类后自动拥有了多个父类的公有成员。

试想一下，如果 House 类和 Car 类中有一个同名的方法，那么子类会调用哪个父类的同名方法呢？如果子类继承的多个父类是平行关系的类，那么子类先继承哪个类，便会先调用哪个类的方法。

在上述示例代码的 House 和 Car 类中分别添加一个 test()方法。在 House 类中添加方法的代码如下：

```
def test(self):
    print("House 类测试")
```

在 Car 类中添加方法的代码如下：

```
def test(self):
    print("Car 类测试")
```

在示例代码的最后一行调用 test()方法，代码如下：

```
tour_car.test()                    # 子类对象调用两个父类的同名方法
```

运行代码，结果如下所示：

```
供人居住
行驶
House 类测试
```

从以上结果可以看出，子类调用了先继承的 House 类的 test()方法。

9.8.3　重写父类方法

程序中，子类会原封不动地继承父类的方法，但子类有时需要按照自己的需求对继承的方法进行调整，也就是在子类中重写从父类继承的方法。Python 中实现方法重写的方式非常简单，只需要在子类中定义与父类方法同名的方法，在方法中按照子类需求重新编写功能代码即可。

例如，定义表示人的类 Person，表示中国人的类 Chinese，使 Chinese 类继承 Person 类，并重写从父类继承的方法 say_hello()，代码如下：

```
class Person:
    def say_hello(self):
        print("打招呼！")
class Chinese(Person):
    def say_hello(self):                    # 重写从父类继承的方法
        print("吃了吗？")
```

创建 Chinese 类的对象 chinese，使用 chinese 对象调用重写的方法 say_hello()，代码如下：

```
chinese = Chinese()
chinese.say_hello()                    # 使用子类调用重写的方法
```

运行程序，结果如下所示：

```
吃了吗？
```

9.8.4　super()函数

如果在子类中重写了父类的方法，仍希望调用父类中的同名方法，该如何实现呢？Python 提供了 super()函数，通过该函数可以调用父类中被重写的方法。例如，使用 super()函数在 Chinese 类中调用 Person 类中的 say_hello()方法，代码如下：

```
class Person:
    def say_hello(self):
        print("打招呼！")
class Chinese(Person):
    def say_hello(self):                    # 重写从父类继承的方法
        print("吃了吗？")
        print("-" * 10)
        super().say_hello()                 # 通过 super()函数调用父类中被重写的方法
```

再次使用 chinese 对象调用 say_hello()方法，示例代码如下：

```
chinese = Chinese()
chinese.say_hello()                         # 使用子类调用重写的方法
```

运行程序，结果如下所示：

```
吃了吗？
----------
打招呼！
```

从输出结果中可以看出，程序通过 super()函数成功调用了被重写的父类方法。

9.9　多态

多态是面向对象的重要特性之一，它的直接表现即让不同类的同一功能可以通过同一个接口调用，表现出不同的行为。例如，定义一个表示猫的类 Cat 和一个表示狗的类 Dog，这两个类都包含 shout()方法，代码如下：

```
class Cat:
    def shout(self):
        print("喵喵喵～")
class Dog:
    def shout(self):
        print("汪汪汪！")
```

定义一个函数 test()，该函数需要接收一个参数 obj，然后在其内部让 obj 调用 shout()方法，示例代码如下：

```
def test(obj):
    obj.shout()
cat = Cat()
dog = Dog()
test(cat)
test(dog)
```

运行代码，结果如下所示：

```
喵喵喵～
汪汪汪！
```

以上示例代码在函数 test()内部通过"obj.shout()"调用了 Cat 类和 Dog 类的 shout()方法，得到了不同的结果，这正是面向对象的多态特性的表现。

利用多态这一特性编写代码不会影响类的内部设计，但可以提高代码的兼容性，让代码的调度更加灵活。

9.10   异常

在之前各节中，若编写程序时没有按照规定使用类的成员，那么运行程序时就一定会出现异常，导致程序终止并显示报错信息。面对这种情况，开发人员需要辨别异常是源于程序本身的设计问题，还是由外界环境的变化引起的，以便有针对性地处理异常。为帮助开发人员处理异常，Python 提供了功能强大的异常处理机制。本节将针对异常的内容进行讲解。

9.10.1   异常概述

Python 中程序执行时检测到的错误称为异常。例如，把 0 作为除数与另一个数进行除法运算，此时便会引发程序出现异常，代码如下：

```
print(1 / 0)
```

运行代码，结果如下所示：

```
Traceback (most recent call last):
  File "D:\PythonProject\Chapter09\test.py", line 1, in <module>
    print(1 / 0)
          ~~^~~
ZeroDivisionError: division by zero
```

上述结果中，第 2～3 行指出了异常所在的行与引发异常的代码；第 5 行说明了本次异常的类型和异常的描述，其中 ZeroDivisionError 是异常类型，division by zero 是异常的描述。根据上述异常描述 "division by zero" 和异常所在的行 "line 1"，开发人员可以快速判断出本次异常发生的原因，即 "print(1/0)" 这行代码将 0 作为除数。

Python 针对每种异常提供了对应的异常类，所有的异常类都派生自 BaseException 类，BaseException 类有 4 个子类：SystemExit、KeyboardInterrupt、Exception 和 GeneratorExit。其中 Exception 是所有内置的、非系统退出的异常的基类，它封装了很多我们在程序中经常见到的异常。下面通过示例介绍几种常见异常，具体如下。

1. NameError

NameError 是程序中使用了未定义的变量时会引发的异常。例如，访问一个未定义过的变量 name，代码如下：

```
print(name)
```

运行代码，结果如下所示：

```
Traceback (most recent call last):
  File "D:\PythonProject\Chapter09\test.py", line 1, in <module>
    print(name)
          ^^^^
NameError: name 'name' is not defined
```

2. IndexError

IndexError 是程序越界访问时引发的异常。例如，列表 list_demo 中有 4 个元素，使用索引访问列表中第 5 个元素，代码如下：

```
list_demo = [1, 2, 3, 4]
print(list_demo[4])
```

运行代码，结果如下所示：

```
Traceback (most recent call last):
  File "D:\PythonProject\Chapter09\test.py", line 2, in <module>
    print(list_demo[4])
          ~~~~~~~~~^^^
IndexError: list index out of range
```

3．AttributeError

AttributeError 是使用对象访问不存在的属性引发的异常。例如，定义一个没有任何属性和方法的类 Dog，通过 Dog 类的对象访问不存在的属性 name，代码如下：

```
class Dog:
    pass
dog = Dog()
print(dog.name)
```

运行代码，结果如下所示：

```
Traceback (most recent call last):
  File "D:\PythonProject\Chapter09\test.py", line 4, in <module>
    print(dog.name)
          ^^^^^^^^
AttributeError: 'Dog' object has no attribute 'name'
```

4．FileNotFoundError

FileNotFoundError 是未找到指定文件或目录时引发的异常。例如，打开一个本地不存在的文件，代码如下：

```
file = open("test.txt")
```

运行代码，结果如下所示：

```
Traceback (most recent call last):
  File "D:\PythonProject\Chapter09\test.py", line 1, in <module>
    file = open("test.txt")
           ^^^^^^^^^^^^^^^^
FileNotFoundError: [Errno 2] No such file or directory: 'test.txt'
```

9.10.2　捕获与处理异常

Python 中程序若没有添加正确处理异常的代码，则程序检测到异常后，默认会直接终止并返回异常信息，这种默认的异常处理方式并不友好。为了提高程序的容错性和稳定性，Python 提供了 try–except–else–finally 语句来捕获与处理异常，try–except–else–finally 语句的基本语法格式如下：

```
try:
    可能发生异常的代码
except [异常类 [as 变量名]]:
    捕获异常后的处理代码
else:
    没有发生异常的处理代码
finally:
    无论是否发生异常都执行的代码
```

上述格式中，try 子句包含可能发生异常的代码，这些代码在程序执行过程中被监控。except 子句用于捕获并处理异常，它可以省略异常类，也可以指定异常类。若指定了异常类，则只有匹配异常类的异常会被捕获与处理。另外，except 子句还可以使用 as 关键字，用于将捕获到的异常信息赋值给一个变量，便于输出异常信息。

else 子句的代码只会在 try 子句没有发生任何异常时被执行。

finally 子句的代码始终会被执行，无论 try 子句是否发生异常。

当程序执行 try-except-else-finally 语句时，会按照以下过程捕获与处理异常：

（1）执行 try 子句的代码。

（2）根据 try 子句的代码是否发生异常分以下两种情况。

① 若 try 子句的代码没有发生异常，则跳过 except 子句的代码，执行 else 子句的代码。

② 若 try 子句的代码发生异常，则跳过 try 子句中未执行的代码，确认 except 子句是否能捕获异常。若能捕获则执行 except 子句的代码；若不能捕获则跳过 except 子句的代码。

（3）执行 finally 子句的代码。

值得一提的是，except 子句可以有一个或多个，else 子句或 finally 子句可以视情况省略。接下来，分多种情况介绍如何使用 try-except-else-finally 语句捕获与处理异常，具体内容如下。

1. 捕获单个异常

捕获单个异常的方式比较简单，只需要在关键字 except 之后指定要捕获的单个异常类即可，示例如下：

```
num_one = int(input("被除数: "))
num_two = int(input("除数: "))
try:
    print("商: ", num_one / num_two)
except ZeroDivisionError:
    print("出错了")
```

以上代码的 try 子句用于输出 num_one 和 num_two 相除的结果，由于 num_two 不确定，所以可能会导致程序产生 ZeroDivisionError 异常；except 子句明确指定了异常类 ZeroDivisionError，表明一旦捕获到 ZeroDivisionError 异常后就会执行 except 子句的输出语句。

运行代码，输入被除数 10 和除数 0，结果如下所示：

```
被除数: 10
除数: 0
出错了
```

从输出结果可以看出，程序成功捕获了 ZeroDivisionError 异常，不过"出错了"只能表明程序产生了异常，但没有明确地说明该异常产生的具体原因。此时可以在异常类之后使用关键字 as，通过该关键字获取异常的具体信息，具体代码如下：

```
……
except ZeroDivisionError as error:
    print("出错了，原因: ", error)
```

再次运行代码，输入被除数 10 和除数 0，结果如下所示：

```
被除数: 10
除数: 0
出错了，原因: division by zero
```

从输出结果可以看出，程序不仅捕获与处理了 ZeroDivisionError 异常，还说明了异常产生的具体原因 "division by zero"，表示该异常出现的原因是除数为 0。

2. 捕获多个异常

捕获多个异常的方式比较多样，既可以通过多个 except 子句实现，也可以通过一个

except 子句实现。若通过一个 except 子句实现，则需要在关键字 except 之后以元组形式指定多个异常类，示例如下：

```
try:
    num_one = int(input("被除数："))
    num_two = int(input("除数："))
    print("商： ", num_one / num_two)
except (ZeroDivisionError, ValueError) as error:
    print("出错了，原因： ", error)
```

以上代码的 try 子句用于接收用户输入的内容 num_one 和 num_two，并输出两者相除的结果。但是，程序可能会产生两种不同的异常：当 num_two 为 0 时，程序会产生 ZeroDivision-Error 异常；当用户输入的内容非数字时，程序会产生 ValueError 异常。所以在 except 子句中通过明确指定异常类 ZeroDivisionError 和 ValueError 来捕获这两种异常，并对其进行适当处理。

运行代码，输入被除数 10 和除数 0，结果如下所示：

```
被除数：10
除数：0
出错了，原因： division by zero
```

再次运行代码，输入被除数 10 和除数 p，结果如下所示：

```
被除数：10
除数：p
出错了，原因： invalid literal for int() with base 10: 'p'
```

由两次输出的结果可知，程序可以成功地捕获 ZeroDivisionError 或 ValueError 异常。

3. 捕获全部异常

捕获全部异常的方式有两种，一种方式是将关键字 except 之后的异常类设置为 Exception，另一种方式是省略关键字 except 后面的内容。例如，使用第一种方式捕获全部异常，代码如下：

```
try:
    num_one = int(input("被除数："))
    num_two = int(input("除数："))
    print("商： ", num_one / num_two)
except Exception as error:
    print("出错了，原因： ", error)
```

运行代码，输入被除数 10 和除数 0，结果如下所示：

```
被除数：10
除数：0
出错了，原因： division by zero
```

再次运行代码，输入被除数 10 和除数 p，结果如下所示：

```
被除数：10
除数：p
出错了，原因： invalid literal for int() with base 10: 'p'
```

4. 没有发生异常

若 try 子句没有发生异常，程序会执行 else 子句后的代码。示例如下：

```
try:
    num_one = int(input("被除数："))
    num_two = int(input("除数："))
    result = num_one / num_two
```

```
except Exception as error:
    print("出错了，原因: ", error)
else:
    print("商: ", result)
```

运行代码，输入被除数 10 和除数 1，结果如下所示：

```
被除数: 10
除数: 1
商: 10.0
```

从输出结果可以看出，程序没有产生异常，执行了 else 子句，输出了两数相除后的结果。

5. 产生异常的资源清理

无论 try 子句是否发生异常，finally 子句后的代码都要执行。基于 finally 子句的特性，实际开发中 finally 子句多用于预设资源的清理操作，如关闭文件、关闭网络连接、关闭数据库连接等。

在使用 Python 处理文件时，为避免打开的文件占用过多的系统资源，需要在完成对文件的操作后及时使用 close()方法关闭文件。为了避免程序发生异常时无法关闭文件，可以将文件关闭操作放在 finally 子句中，示例如下：

```
file = open('test.txt', 'r')
try:
    file.write("人生苦短，我用 Python")
except Exception as error:
    print("写入文件失败", error)
finally:
    file.close()
    print('文件已关闭')
```

以上代码中首先调用 open()函数以只读的模式打开的当前目录下的 test.txt 文件，并将返回的文件对象赋值给变量 file；然后在 try 子句中通过 file 对象调用 write()方法将字符串写入 test.txt 文件中，由于 file 对象不支持写入，所以程序运行后肯定会出现异常；接着在 except 子句中捕获所有的异常，输出异常的具体信息；最后在 finally 子句中通过 file 对象调用 close()方法关闭文件，输出文件关闭的提示语句。

运行代码，结果如下所示：

```
写入文件失败 not writable
文件已关闭
```

由以上输出结果可知，程序即便出现了异常，也能正常执行关闭文件的操作。

9.10.3　抛出异常

Python 程序不仅可以自动触发异常，还可以由开发人员使用 raise 和 assert 语句主动抛出异常。接下来，针对抛出异常的内容进行详细的讲解。

1. 使用 raise 语句抛出异常

Python 使用 raise 语句可以显式地抛出异常，reise 语句的用法如下：

```
raise 异常类                    # 方式 1：使用异常类名抛出指定的异常
raise 异常类对象                 # 方式 2：使用异常类的对象抛出指定的异常
raise                          # 方式 3：使用刚出现过的异常重新抛出异常
```

以上 3 种方式都是通过 raise 语句抛出异常。第 1 种方式和第 2 种方式是对等的，都会抛出指定类型的异常，其中第 1 种方式会隐式创建一个相应异常类对象；第 2 种方式是十分常见的，它会直接提供一个相应异常类对象；第 3 种方式用于重新抛出刚刚抛出的异常。

示例如下：

```
raise IndexError
raise IndexError()
raise IndexError('索引超出范围')      # 抛出异常及其具体信息
raise
```

2. 使用 assert 语句抛出异常

assert 语句又称为断言语句，其语法格式如下：

```
assert 表达式[, 异常信息]
```

以上语法格式的 assert 后面紧跟一个表达式，表达式的值为 False 时触发 AssertionError 异常，值为 True 时不做任何操作；表达式之后可以使用字符串来描述异常信息。

assert 语句可以帮助程序开发者在开发阶段调试程序，以保证程序能够正确运行。接下来，使用断言语句判定用户输入的除数是否为 0，示例代码如下：

```
num_one = int(input("被除数: "))
num_two = int(input("除数: "))
assert num_two != 0, '除数不能为0'    # assert 语句用于判定 num_two 是否为 0
result = num_one / num_two
print(num_one, '/', num_two, '=', result)
```

以上代码首先会接收用户输入的两个数 num_one 和 num_two，并将 num_one 与 num_two 分别作为被除数与除数；然后使用 assert 语句判定 num_two 是否为 0，不为 0 则进行除法运算，否则会抛出 AssertionError 异常，并提示"除数不能为 0"；最后输出 num_one 除以 num_two 的结果。

运行代码，按照提示分别输入被除数 10，除数 0，结果如下所示：

```
被除数: 10
除数: 0
Traceback (most recent call last):
  File "D:\PythonProject\Chapter09\test.py", line 3, in <module>
    assert num_two != 0, '除数不能为0' # assert 语句用于判定 num_two 是否为 0
           ^^^^^^^^^^^^
AssertionError: 除数不能为 0
```

9.11　本章小结

本章主要讲解了面向对象编程的相关知识，包括面向对象概述、类与对象、属性、方法、构造方法、封装、继承、多态以及异常。通过本章的学习，读者能理解面向对象的思想与特性，掌握面向对象的编程技巧，为以后的开发奠定扎实的面向对象编程基础。

9.12　习题

1. 面向对象与面向过程有什么区别？
2. Python 中使用＿＿＿＿＿关键字来定义一个类。
3. 创建类的对象时，系统会自动调用构造方法进行初始化。（　　　）
4. 下列关于类的说法，错误的是（　　　）。

A.　在类中可以定义私有属性和私有方法

B.　一个类继承其他类后可以拥有其他类的属性和方法

C.　类不能被实例化为对象

D.　在类中可以定义构造函数，用于初始化对象的初始状态

5.　下列方法中，只能由对象调用的是（　　　）。

A.　类方法 　　　　　　　　　　　　B.　实例方法

C.　静态方法 　　　　　　　　　　　D.　私有方法

6.　下列选项中，不属于面向对象三大特性的是（　　　）。

A.　抽象 　　　　　　　　　　　　　B.　封装

C.　继承 　　　　　　　　　　　　　D.　多态

7.　请阅读下面的代码：

```
class Test:
    count = 21
    def print_num(self):
        count = 20
        self.count += 20
        print(count)
test = Test()
test.print_num()
```

运行代码，输出结果为（　　　）。

A.　20 　　　　　　　　　　　　　　B.　40

C.　21 　　　　　　　　　　　　　　D.　41

8.　简述实例方法、类方法、静态方法的区别。

9.　设计一个 Circle（圆）类，该类中包括属性 radius（半径），还包括_ _init_ _()、get_perimeter()（求周长）和 get_area()（求面积）共 3 个方法。设计完成后，创建 Circle 类的对象求圆的周长和面积。

10.　设计一个 Course（课程）类，该类中包括 number（编号）、name（名称）、teacher（任课教师）、location（上课地点）共 4 个属性，其中 location 是私有属性，还包括_ _init_ _()、show_info()（显示课程信息）共两个方法。设计完成后，创建 Course 类的对象显示课程的信息。

第 10 章

综合项目——学生管理系统

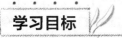

★ 了解学生管理系统，能够说出学生管理系统支持哪些功能

★ 熟悉名词提炼法，能够根据学生管理系统的功能设计类图

★ 掌握项目的实现过程，能够独立实现项目的各个功能

学生信息是高等院校的一项重要数据资源，而且高校学生数量众多、分布广泛，并且学籍信息需要经常更新，这给管理人员带来了不小的管理压力。随着计算机应用的普及，针对学生信息的特点及实际需要的学生管理系统被广大高校使用，该系统可以高效率地、规范地管理大量的学生信息，减轻管理人员的工作负担。本章将基于面向对象编程思想，带领大家从零开始开发一个完整的项目——学生管理系统。

10.1 项目概述

当用户使用学生管理系统时，会在系统启动后进入功能菜单界面，该界面展示了系统支持的所有功能，包括添加学生信息、删除学生信息、修改学生信息、查询学生信息、显示所有学生信息、保存学生信息和退出系统。用户需要根据自己的需求选择相应功能序号，之后按照提示完成相应的操作。

图 10-1 展示了学生管理系统的使用流程以及支持的所有功能，关于这几个功能的说明如下。

1. 添加学生信息

用户需要按照系统提示依次录入学生的姓名、性别和手机号，录入完成后会收到系统提示"添加成功！"，并输出添加的学生信息。

2. 删除学生信息

用户需要按照系统提示输入要删除的学生姓名，如果该学生姓名存在，则系统会直接删除这个学生的信息，并在删除完成后提示"删除成功！"，否则提示"查无此人！"。

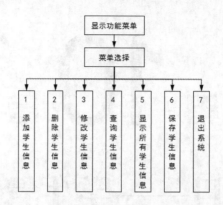

图10-1 学生管理系统的使用流程以及支持的所有功能

3. 修改学生信息

用户需要按照系统提示输入要修改的学生姓名，如果该学生姓名存在，则系统会要求用户依次录入新的姓名、性别和手机号，并在录入完成后提示"修改成功！"，输出修改后的学生信息，否则提示"查无此人！"。

4. 查询学生信息

用户需要按照系统提示输入要查询的学生姓名，如果该学生姓名存在，则系统会直接输出对应的学生信息，否则提示"查无此人！"。

5. 显示所有学生信息

系统按照固定格式的表格输出所有学生信息，表格共分为表头和内容两部分，其中表头由姓名、性别和手机号组成，表头中每部分以制表符分隔；内容由一行或多行学生信息组成，每项信息之间以制表符分隔。

6. 保存学生信息

系统将用户使用过程中操作的学生信息全部保存到当前目录下的 student.data 文件中，并在保存完成后提示"保存成功！"。

7. 退出系统

系统直接关闭，并在关闭之前提示"谢谢使用！"。

10.2 项目分析

根据项目概述中学生管理系统的描述可知，我们可以按照名词提炼法提炼出两个比较重要的角色，分别是系统和学生。其中，系统用于控制自身的运行流程，负责调度核心功能，包括添加学生信息、删除学生信息、修改学生信息、查询学生信息、显示所有学生信息、保存学生信息等；学生是被系统管理的主要对象，包括学生姓名、性别和手机号等特征。

每个角色映射了程序中的对象，这些对象之间没有共同的特征或行为，都是独立存在的，因此这里可以将每个角色抽象成一个类。接下来，结合项目概述中学生管理系统的使用流程及其支持的功能，分别对系统和学生这两个对象的特征和行为进行归纳，具体如下。

1. 系统（StudentManager）

特征：学生列表。

行为：初始化、运行系统、显示功能菜单、添加学生信息、删除学生信息、修改学生信息、查询学生信息、显示所有学生信息、保存学生信息以及加载学生信息。

需要说明的是，学生列表用于临时存储用户在使用系统的过程中操作的学生信息，例如，用户添加的学生信息、用户修改的学生信息。由于系统会将学生信息存储到文件中，为了保证系统运行后能够将文件中的学生信息同步到学生列表，所以系统还应该具备加载学生信息的功能，这个功能的作用是从文件中加载所有的学生信息。

2. 学生（Student）

特征：姓名、性别、手机号。

行为：初始化、返回对象的描述信息。

根据上述两种对象的特征和行为设计出相应的类图，具体如图 10-2 所示。

StudentManager	
student_list	学生列表
__init__()	初始化
run()	运行系统
show_menu()	显示功能菜单
add_student()	添加学生信息
del_student()	删除学生信息
modify_student()	修改学生信息
search_student()	查询学生信息
show_student()	显示所有学生信息
save_student()	保存学生信息
load_student()	加载学生信息

Student	
name	姓名
gender	性别
tel	手机号
__init__()	初始化
__str__()	返回对象的描述信息

图10-2　学生管理系统的类图

为了方便后期代码的维护，通常情况下一个类应该由一个模块管理，也就是将这个类的代码全部写到一个文件中。此外，我们必须为项目指定程序入口，通常情况下使用 main.py 来作为程序的入口。综上所述，本项目共有以下三个模块。

- manager_system.py：用于封装学生管理系统类。
- student.py：用于封装学生类。
- main.py：程序入口，用于负责系统的启动。

10.3　项目实现

10.3.1　创建项目及模块

打开 PyCharm 工具，通过该工具创建一个新项目，项目的名称为 Chapter10。在项目 Chapter10 中，按照项目分析的要求依次创建三个模块，分别为 main.py、manager_system.py、student.py。创建好的项目目录结构如图 10-3 所示。

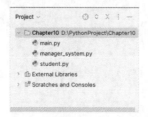

图10-3　创建好的项目目录结构

10.3.2 定义类

在基于面向对象的编程中，定义类是非常关键的一步。只有定义好了类，我们才能使用它来创建对象并通过对象执行相应的操作。根据图 10-2 所示的类图，分别在 student.py 和 manager_system.py 文件中定义 Student 和 StudentManager 类。

Student 类的代码具体如下：

```python
class Student(object):
# 初始化
    def __init__(self, name, gender, tel):
        self.name = name          # 姓名
        self.gender = gender       # 性别
        self.tel = tel            # 手机号
    def __str__(self):
        pass
```

上述代码中，在 Student 类的构造方法中定义了三个实例属性即 name、gender 和 tel，分别表示姓名、性别和手机号。它们的初始值由用户录入的学生信息决定。

__str__()是一个特殊方法，用于返回对象的描述信息，一般包括对象的属性及其对应的值。当在程序中使用 print()函数输出 Student 类的对象时，若 Student 类内部没有实现__str__()方法，则默认会直接输出这个对象的身份；若 Student 类内部已经实现了__str__()方法，则会输出__str__()方法的返回值，也就是对象的描述信息。因此，实现__str__()方法可以使我们更好地了解对象的描述信息，提高代码的可读性。

StudentManager 类的代码具体如下：

```python
1  class StudentManager(object):
2     # 初始化
3     def __init__(self):
4         # 学生列表
5         self.student_list = []
6     # 运行系统
7     def run(self):
8         pass
9     # 显示功能菜单
10    @staticmethod
11    def show_menu():
12        pass
13    # 添加学生信息
14    def add_student(self):
15        pass
16    # 删除学生信息
17    def del_student(self):
18        pass
19    # 修改学生信息
20    def modify_student(self):
21        pass
22    # 查询学生信息
23    def search_student(self):
24        pass
25    # 显示所有学生信息
```

```
26      def show_student(self):
27          pass
28      # 保存学生信息
29      def save_student(self):
30          pass
31      # 加载学生信息
32      def load_student(self):
33          pass
```

上述代码中，第 5 行代码定义了一个实例属性 student_list，表示学生列表，它的初始值为空列表，说明系统中还没有任何学生信息；第 10～12 行代码定义了一个静态方法 show_menu()，之所以将该方法定义为静态方法，是因为它在内部不需要访问类或对象的成员。

需要注意的是，以上类中除构造方法 __init__()外，其他方法内部均没有使用代码实现具体的逻辑，只是使用 pass 关键字占位，具体的代码会在后面逐步完善。

10.3.3　菜单选择

当学生管理系统启动后会显示功能菜单，用户可根据需要输入功能序号：若用户输入的功能序号是 1～6，系统会执行相应的操作；若用户输入的功能序号是 7，则会直接退出系统；若用户输入规定范围以外的数字或者非数字的选项，则会提示"输入有误！"。功能菜单如下所示：

```
========================
学生管理系统 V1.0
1.添加学生信息
2.删除学生信息
3.修改学生信息
4.查询学生信息
5.显示所有学生信息
6.保存学生信息
7.退出系统
========================
```

根据前面描述的使用流程可知，我们需要先显示功能菜单，再判断用户输入的功能序号，具体实现思路如下。

（1）显示功能菜单。观察功能菜单可知，功能菜单由若干行文本内容组成。因此这里可以使用多个 print()函数输出功能菜单，每个函数负责输出一行文本内容。

（2）判断用户输入的功能序号。用户输入的功能序号包含两种以上的情况，这里使用 if-elif-else 语句判断每种情况。

由于如果用户不主动退出系统，能够一直让系统进行相应的操作，所以这里需要将显示功能菜单的操作与判断用户输入的功能序号的操作放到无限循环中。

接下来编写代码，分步骤实现菜单选择的操作，具体步骤如下。

（1）在 StudentManager 类中，完善 show_menu()方法的代码，实现显示功能菜单的功能。show_menu()方法的最终代码如下：

```
@staticmethod
def show_menu():
    print('=' * 22)
```

```
print('学生管理系统 V1.0')
print('1.添加学生信息')
print('2.删除学生信息')
print('3.修改学生信息')
print('4.查询学生信息')
print('5.显示所有学生信息')
print('6.保存学生信息')
print('7.退出系统')
print('=' * 22)
```

（2）在 StudentManager 类的 run ()方法中增加代码，用于重复显示功能菜单，并根据
用户输入的功能序号执行相应的操作，增加后的代码如下：

```
1  def run(self):
2      while True:
3          # 显示功能菜单
4          self.show_menu()
5          # 用户输入目标功能序号
6          menu_num = input('请输入您需要的功能序号：')
7          # 根据用户输入的序号实现不同的功能
8          if menu_num == '1':        # 添加学生信息
9              print('添加学生信息')
10         elif menu_num == '2':      # 删除学生信息
11             print('删除学生信息')
12         elif menu_num == '3':      # 修改学生信息
13             print('修改学生信息')
14         elif menu_num == '4':      # 查询学生信息
15             print('查询学生信息')
16         elif menu_num == '5':      # 显示所有学生信息
17             print('显示所有学生信息')
18         elif menu_num == '6':      # 保存学生信息
19             print('保存学生信息')
20         elif menu_num == '7':      # 退出系统
21             print('谢谢使用！')
22             break
23         else:
24             print('输入有误！')
```

上述代码中，第 4 行代码调用 show_menu()方法显示功能菜单，第 6 行代码接收用户从
键盘输入的功能序号，将功能序号保存到变量 menu_num 中。

第 8～24 行代码通过 if-elif-else 语句判断功能序号可能出现的几种情况，其中第 8～
19 行代码处理功能序号为 1～6 的几种情况；第 20～22 行代码处理功能序号为 7 的情况，
输出相应的信息，并使用关键字 break 结束循环；第 23～24 行代码处理功能序号为其他数
字或非数字的选项的情况。

（3）在 main.py 文件中，导入 manager_system 模块的全部内容，创建 StudentManager 类
的对象，并使用该对象调用 run()方法以启动管理系统，代码如下：

```
# 导入模块的全部内容
from manager_system import *
# 启动管理系统
if __name__ == '__main__':
    student_manager = StudentManager()
```

```
student_manager.run()
```

（4）运行 main.py 文件，输入功能序号 1，运行结果如下所示：

```
学生管理系统 V1.0
1.添加学生信息
2.删除学生信息
3.修改学生信息
4.查询学生信息
5.显示所有学生信息
6.保存学生信息
7.退出系统
=====================
请输入您需要的功能序号：1
添加学生信息
```

输入错误选项 a，运行结果如下所示：

```
=====================
学生管理系统 V1.0
1.添加学生信息
2.删除学生信息
3.修改学生信息
4.查询学生信息
5.显示所有学生信息
6.保存学生信息
7.退出系统
=====================
请输入您需要的功能序号：a
输入有误！
```

输入功能序号 7，运行结果如下所示：

```
=====================
学生管理系统 V1.0
1.添加学生信息
2.删除学生信息
3.修改学生信息
4.查询学生信息
5.显示所有学生信息
6.保存学生信息
7.退出系统
=====================
请输入您需要的功能序号：7
谢谢使用！
```

从多次的输出结果可以看出，程序能够根据用户输入的选项输出相应的信息。

10.3.4　添加学生信息

当用户使用学生管理系统时，如果选择功能序号 1，系统会实现添加学生信息的功能。此时，用户需要按照系统提示依次录入学生的姓名、性别和手机号，录入完成后会收到系统提示"添加成功！"，并输出添加的学生信息。

分析添加学生信息的功能可知，该功能的实现思路如下。

（1）通过 input()方法接收用户输入的姓名、性别和手机号。

（2）根据姓名、性别和手机号创建一个 Student 类的对象。

（3）通过 append()方法将这个对象添加到学生列表中。

（4）通过 print()函数输出提示信息和学生信息。

由于添加学生信息功能的逻辑由 add_student()方法实现，所以在 add_student()方法中按照前面分析的思路编写代码，实现添加学生信息的功能。add_student()方法的最终代码如下：

```python
def add_student(self):
    # 用户输入姓名、性别、手机号
    name = input('请输入学生的姓名：')
    gender = input('请输入学生的性别：')
    tel = input('请输入学生的手机号：')
    # 创建 Student 类的对象
    student = Student(name, gender, tel)
    # 将刚创建的对象添加到学生列表中
    self.student_list.append(student)
    print('添加成功！')
    print(student)
```

值得一提的是，由于以上代码中用到了 Student 类，所以这里需要提前导入这个类。在 manager_system.py 文件的开头位置，增加导入 Student 类的代码，具体如下：

```python
from student import *
```

为了保证 print(student)语句执行后不是输出对象的身份，而是对象的描述信息，这里需要实现 Student 类的 __str__()方法。在 Student 类中，完善__str__()方法的代码，__str__()方法的最终代码如下：

```python
def __str__(self):
    return f'姓名{self.name}，性别{self.gender}，手机号{self.tel}'
```

在 StudentManager 类的 run ()方法中，找到功能序号为 1 的分支，在该分支下增加调用 add_student()方法的代码，具体代码如下：

```python
def run(self):
    while True:
        # 显示功能菜单
        self.show_menu()
        # 用户输入目标功能序号
        menu_num = input('请输入您需要的功能序号：')
        # 根据用户输入的序号实现不同的功能
        if menu_num == '1':        # 添加学生信息
            self.add_student()
        ……
```

运行 main.py 文件，输入功能序号 1，继续输入要添加的学生信息，运行结果如下所示：

```
请输入您需要的功能序号：1
请输入学生的姓名：小花
请输入学生的性别：男
请输入学生的手机号：111111
添加成功！
姓名小花，性别男，手机号111111
```

从输出结果可以看出，程序能够按照预设的流程添加学生信息。

10.3.5　删除学生信息

当用户使用学生管理系统时，如果选择功能序号 2，系统会实现删除学生信息的功能。此时，用户需要按照系统提示输入要删除的学生姓名，如果该学生姓名存在，则系统会直接删除这个学生的信息，并在删除完成后提示"删除成功！"，否则提示"查无此人！"。

分析删除学生信息的功能可知，该功能的实现思路如下。

（1）通过 input()方法接收用户输入的姓名。

（2）通过 for 语句遍历学生列表取出每个学生对象，通过 if 语句判断用户输入的姓名与学生对象的姓名是否匹配，如果匹配，则直接通过 remove()方法从学生列表中删除这个学生对象，通过 print()函数输出提示信息。

（3）若 for 语句正常执行完毕，中途没有任何提前跳出或提前结束的情况，说明学生列表中没有目标学生对象。为了实现更友好的用户提示，这里在 for 语句后面增加 else 语句，用于输出没有找到目标学生对象的提示信息。

由于删除学生信息功能的逻辑由 del_student()方法实现，所以在 del_student()方法中按照前面分析的思路编写代码，实现删除学生信息的功能。del_student()方法的最终代码如下：

```
1  def del_student(self):
2      # 用户输入目标学生姓名
3      del_name = input('请输入要删除的学生姓名：')
4      # 遍历学生列表
5      for studet in self.student_list:
6          if del_name == studet.name:  # 学生姓名存在
7              # 从学生列表中删除学生
8              self.student_list.remove(studet)
9              print('删除成功！')
10             break
11     else:  # 学生姓名不存在
12         print('查无此人！')
```

第 10 行代码在删除学生对象后使用关键字 break 结束循环，这样做的目的是提升程序的执行效率，避免程序在删除学生对象后继续遍历学生列表。

在 StudentManager 类的 run()方法中，找到功能序号为 2 的分支，在该分支下增加调用 del_student()方法的代码，具体代码如下：

```
def run(self):
    while True:
        # 显示功能菜单
        self.show_menu()
        # 用户输入目标功能序号
        menu_num = input('请输入您需要的功能序号：')
        # 根据用户输入的序号实现不同的功能
        if menu_num == '1':        # 添加学生信息
            self.add_student()
        elif menu_num == '2':      # 删除学生信息
            self.del_student()
        ……
```

运行 main.py 文件，删除学生信息的运行结果如下所示：

```
=====================
```

```
学生管理系统 V1.0
1.添加学生信息
2.删除学生信息
3.修改学生信息
4.查询学生信息
5.显示所有学生信息
6.保存学生信息
7.退出系统
====================
请输入您需要的功能序号：1
请输入学生的姓名：小花
请输入学生的性别：男
请输入学生的手机号：111111
添加成功！
姓名小花，性别男，手机号111111
====================
学生管理系统 V1.0
1.添加学生信息
2.删除学生信息
3.修改学生信息
4.查询学生信息
5.显示所有学生信息
6.保存学生信息
7.退出系统
====================
请输入您需要的功能序号：2
请输入要删除的学生姓名：小花
删除成功！
====================
学生管理系统 V1.0
1.添加学生信息
2.删除学生信息
3.修改学生信息
4.查询学生信息
5.显示所有学生信息
6.保存学生信息
7.退出系统
====================
请输入您需要的功能序号：2
请输入要删除的学生姓名：小花
查无此人！
```

从输出结果可以看出，程序能够按照预设的流程删除学生信息。

10.3.6　修改学生信息

当用户使用学生管理系统时，如果选择功能序号 3，系统会实现修改学生信息的功能。此时，用户需要按照系统提示输入要修改的学生姓名，如果该学生姓名存在，则系统会要求用户依次录入新的姓名、性别和手机号，并在录入完成后提示"修改成功！"，输出修改后的学生信息，否则提示"查无此人！"的信息。

　　分析修改学生信息的功能可知，该功能的实现思路如下。

　　（1）通过 input()方法接收用户输入的姓名。

　　（2）通过 for 语句遍历学生列表取出每个学生对象，通过 if 语句判断用户输入的姓名与学生对象的姓名是否匹配，如果匹配，则通过 input()方法接收用户输入的姓名、性别、手机号，将这些信息重新赋给学生对象的属性，通过 print()函数输出提示信息。

　　（3）若 for 语句正常执行完毕，中途没有任何提前跳出或提前结束的情况，说明学生列表中没有目标学生对象。同样，为了实现更友好的用户提示，这里在 for 语句后面增加 else 语句，用于输出没有找到目标学生对象的提示信息。

　　由于修改学生信息功能的逻辑由 modify_student()方法实现，所以在 modify_student()方法中按照前面分析的思路编写代码，实现修改学生信息的功能。modify_student()方法的最终代码如下：

```python
def modify_student(self):
    # 用户输入目标学生姓名
    modify_name = input('请输入要修改的学生姓名：')
    # 遍历学生列表
    for student in self.student_list:
        if modify_name == student.name:  # 学生姓名存在
            student.name = input('姓名：')
            student.gender = input('性别：')
            student.tel = input('手机号：')
            print('修改成功！')
            print(student)
            break
    else:  # 学生姓名不存在
        print('查无此人！')
```

　　在 StudentManager 类的 run ()方法中，找到功能序号为 3 的分支，在该分支下增加调用 modify_student()方法的代码，具体代码如下：

```python
def run(self):
    while True:
        # 显示功能菜单
        self.show_menu()
        # 用户输入目标功能序号
        menu_num = input('请输入您需要的功能序号：')
        # 根据用户输入的序号实现不同的功能
        if menu_num == '1':          # 添加学生信息
            self.add_student()
        elif menu_num == '2':        # 删除学生信息
            self.del_student()
        elif menu_num == '3':        # 修改学生信息
            self.modify_student()
        ……
```

　　运行 main.py 文件，修改学生信息的运行结果如下所示：

```
====================
学生管理系统 V1.0
1.添加学生信息
```

```
2.删除学生信息
3.修改学生信息
4.查询学生信息
5.显示所有学生信息
6.保存学生信息
7.退出系统
====================
请输入您需要的功能序号：1
请输入学生的姓名：小花
请输入学生的性别：男
请输入学生的手机号：111111
添加成功！
姓名小花，性别男，手机号 111111
====================
学生管理系统 V1.0
1.添加学生信息
2.删除学生信息
3.修改学生信息
4.查询学生信息
5.显示所有学生信息
6.保存学生信息
7.退出系统
====================
请输入您需要的功能序号：3
请输入要修改的学生姓名：小花
姓名：小花
性别：女
手机号：222222
修改成功！
姓名小花，性别女，手机号 222222
```

从输出结果可以看出，程序能够按照预设的流程修改学生信息。

10.3.7　查询学生信息

当用户使用学生管理系统时，如果选择功能序号 4，系统会实现查询学生信息的功能。此时，用户需要按照系统提示输入要查询的学生姓名，如果该学生姓名存在，则系统会直接输出对应的学生信息，否则提示"查无此人！"。

分析查询学生信息的功能可知，该功能的实现思路如下。

（1）通过 input() 方法接收用户输入的姓名。

（2）通过 for 语句遍历学生列表取出每个学生对象，通过 if 语句判断用户输入的姓名与学生对象的姓名是否匹配，如果匹配，则直接通过 print() 函数输出学生对象的描述信息。

（3）若 for 语句正常执行完毕，中途没有任何提前跳出或提前结束的情况，说明学生列表中没有目标学生对象。为了实现更友好的用户提示，这里在 for 语句后面增加 else 语句，用于输出没有找到目标学生对象的提示信息。

由于查询学生信息功能的逻辑由 search_student() 方法实现，所以在 search_student() 方法中按照前面分析的思路编写代码，实现查询学生信息的功能。search_student() 方法的最终代码如下：

```
def search_student(self):
    # 用户输入目标学生姓名
    search_name = input('请输入您要查询的学生姓名：')
    # 遍历学生列表
    for student in self.student_list:
        if search_name == student.name:    # 学生姓名存在
            print(student)                 # 输出学生对象的描述信息
            break
    else:  # 学生姓名不存在
        print('查无此人！')
```

在 StudentManager 类的 run() 方法中，找到功能序号为 4 的分支，在该分支下增加调用 search_student() 方法的代码，具体代码如下：

```
def run(self):
    while True:
        ……
        elif menu_num == '2':      # 删除学生信息
            self.del_student()
        elif menu_num == '3':      # 修改学生信息
            self.modify_student()
        elif menu_num == '4':      # 查询学生信息
            self.search_student()
        ……
```

运行 main.py 文件，查询学生信息的运行结果如下所示：

```
====================
学生管理系统 V1.0
1.添加学生信息
2.删除学生信息
3.修改学生信息
4.查询学生信息
5.显示所有学生信息
6.保存学生信息
7.退出系统
====================
请输入您需要的功能序号：4
请输入您要查询的学生姓名：小花
查无此人！
====================
学生管理系统 V1.0
1.添加学生信息
2.删除学生信息
3.修改学生信息
4.查询学生信息
5.显示所有学生信息
6.保存学生信息
7.退出系统
====================
请输入您需要的功能序号：1
请输入学生的姓名：小花
请输入学生的性别：女
```

```
请输入学生的手机号：222222
添加成功！
姓名小花，性别女，手机号 222222
========================
学生管理系统 V1.0
1.添加学生信息
2.删除学生信息
3.修改学生信息
4.查询学生信息
5.显示所有学生信息
6.保存学生信息
7.退出系统
====================
请输入您需要的功能序号：4
请输入您要查询的学生姓名：小花
姓名小花，性别女，手机号 222222
```

从输出结果可以看出，程序能够按照预设的流程查询学生信息。

10.3.8　显示所有学生信息

当用户使用学生管理系统时，如果选择功能序号 5，系统会实现显示所有学生信息的功能。此时，系统会按照固定的表格形式输出所有学生信息，示例如下：

```
姓名    性别    手机号
小花    女      222222
小明    男      111111
```

上述示例中，表格共分为表头和内容两部分，其中表头由姓名、性别和手机号组成，姓名、性别和手机号之间以制表符分隔；内容由多行学生信息组成，每项信息之间以制表符分隔。

分析显示所有学生信息的功能可知，该功能的实现思路如下。

（1）通过 print()函数输出表头。

（2）通过 for 语句遍历学生列表取出每个学生对象，通过 print()函数输出表格的内容。

由于显示所有学生信息功能的逻辑由 show_student()方法实现，所以在 show_student()方法中按照前面分析的思路编写代码，实现显示所有学生信息的功能。show_student()方法的最终代码如下：

```python
def show_student(self):
    # 输出表头
    print('姓名\t 性别\t 手机号')
    # 输出表格的内容
    for student in self.student_list:
        print(f'{student.name}\t{student.gender}\t{student.tel}')
```

在 StudentManager 类的 run ()方法中，找到功能序号为 5 的分支，在该分支下增加调用 show_student()方法的代码，具体代码如下：

```python
def run(self):
    while True:
        ......
        elif menu_num == '3':     # 修改学生信息
```

```
            self.modify_student()
        elif menu_num == '4':      # 查询学生信息
            self.search_student()
        elif menu_num == '5':      # 显示所有学生信息
            self.show_student()
        ......
```

运行 main.py 文件，显示所有学生信息的运行结果如下所示：

```
====================
学生管理系统 V1.0
1.添加学生信息
2.删除学生信息
3.修改学生信息
4.查询学生信息
5.显示所有学生信息
6.保存学生信息
7.退出系统
====================
请输入您需要的功能序号：5
姓名 性别 手机号
====================
学生管理系统 V1.0
1.添加学生信息
2.删除学生信息
3.修改学生信息
4.查询学生信息
5.显示所有学生信息
6.保存学生信息
7.退出系统
====================
请输入您需要的功能序号：1
请输入学生的姓名：小花
请输入学生的性别：女
请输入学生的手机号：000000
添加成功！
姓名小花，性别女，手机号000000
====================
学生管理系统 V1.0
1.添加学生信息
2.删除学生信息
3.修改学生信息
4.查询学生信息
5.显示所有学生信息
6.保存学生信息
7.退出系统
====================
请输入您需要的功能序号：1
请输入学生的姓名：小明
请输入学生的性别：男
请输入学生的手机号：111111
```

```
添加成功!
姓名小明，性别男，手机号 111111
=====================
学生管理系统 V1.0
1.添加学生信息
2.删除学生信息
3.修改学生信息
4.查询学生信息
5.显示所有学生信息
6.保存学生信息
7.退出系统
=====================
请输入您需要的功能序号: 5
姓名 性别 手机号
小花 女  000000
小明 男  111111
```

从输出结果可以看出，程序能够按照固定的表格形式显示所有学生信息。

10.3.9　保存学生信息

当用户使用学生管理系统时，如果选择功能序号 6，系统会实现保存学生信息的功能。此时，系统将学生列表中的所有学生信息保存到 student.data 文件中，并在保存完成后提示"保存成功！"的信息。

分析保存学生信息的功能可知，该功能的实现思路如下。

（1）通过 open()函数打开 student.data 文件。由于该文件中保存的数据可能包含中文字符，为了避免中文字符出现乱码，所以这里需要指定编码格式为 UTF-8。

（2）转换学生列表中学生对象为字典。由于学生列表中的元素都是 Student 类的对象，若直接将这个对象写入文件中，则只能在文件中看到对象的类型以及身份，这些信息是没有任何意义的，所以这里可以将学生列表里面的学生对象转换为字典。例如，将[<student. Student object at 0x000002256601C550>]转换为[{'name': '小花', 'gender': '女', 'tel': '000000'}]。

（3）通过 write()方法将转换后的内容写入 student.data 文件中。

（4）通过 print()函数输出提示信息。

由于保存学生信息功能的逻辑由 save_student()方法实现，所以在 save_student()方法中按照前面分析的思路编写代码,实现保存学生信息的功能。save_student()方法的最终代码如下:

```python
def save_student(self):
    # 打开文件
    file = open('student.data', 'w', encoding='utf-8')
    # 将列表里面的学生对象转换成字典
    new_list = [i.__dict__ for i in self.student_list]
    # 将列表转换成字符串后写入文件中
    file.write(str(new_list))
    # 关闭文件
    file.close()
    print('保存成功! ')
```

在 StudentManager 类的 run ()方法中，找到功能序号为 6 的分支，在该分支下增加调用

save_student()方法的代码，具体代码如下：

```
def run(self):
    while True:
        ......
        elif menu_num == '4':      # 查询学生信息
            self.search_student()
        elif menu_num == '5':      # 显示所有学生信息
            self.show_student()
        elif menu_num == '6':      # 保存学生信息
            self.save_student()
        ......
```

为了保证系统运行后能够将文件中的学生信息同步到学生列表，所以系统还应该具备加载学生信息的功能，这个功能的作用是从文件中加载所有的学生信息。在 StudentManager 类中完善 load_student()方法，load_student()方法的最终代码如下：

```
1   def load_student(self):
2       try:
3           # 尝试以只读模式打开文件
4           file = open('student.data', 'r', encoding='utf-8')
5       except:
6           # 若程序抛出异常，则尝试以读写模式打开文件
7           file = open('student.data', 'w', encoding='utf-8')
8       else:
9           data = file.read()   # 从文件读取数据，返回包含学生信息的字符串
10          if data != '':
11              # 将字符串还原成列表
12              new_list = eval(data)
13              # 根据姓名、性别、手机号创建 Student 类的对象
14              self.student_list = [Student(i['name'], i['gender'],
15                                   i['tel']) for i in new_list]
16      finally:
17          # 关闭文件
18          file.close()
```

上述代码中，第 4 行代码在 try 子句中调用 open()函数打开当前目录下的 student.data 文件，向该函数中传入的第 2 个参数为'r'，表明以只读模式打开文件。不过首次运行学生管理系统时没有 student.data 文件，这时仍然以只读模式打开文件会导致程序出现异常。

第 7 行代码在 except 子句中再次调用 open()函数打开 student.data 文件，不过此次使用的模式是读写模式，解决了程序因找不到文件而出现异常的问题。

第 9～15 行代码在 else 子句中处理了程序没有异常的情况，其中第 9 行代码从文件中读取内容，将内容存储到变量 data 中；第 10 行代码判断 data 是否为空，若不为空则执行 if 语句内的代码；第 12 行代码调用 eval()函数将字符串转换成学生列表；第 14 行代码使用列表推导式根据列表里面的学生信息创建 Student 类的对象，并将最终的列表赋值给属性 student_list。

第 18 行代码在 finally 子句中调用 close()方法关闭文件。

在 StudentManager 类的 run ()方法的开头位置，增加调用 load_student()方法的代码，以保证程序运行后会从文件中加载一次学生的数据，具体代码如下：

```
def run(self):
```

```
# 从文件中加载学生数据
self.load_student()
while True:
# 显示功能菜单
self.show_menu()
......
```

运行 main.py 文件，加载学生信息的运行结果如下所示：

```
=====================
学生管理系统 V1.0
1.添加学生信息
2.删除学生信息
3.修改学生信息
4.查询学生信息
5.显示所有学生信息
6.保存学生信息
7.退出系统
=====================
请输入您需要的功能序号：7
谢谢使用！
```

此时，在项目根目录下可以看到新增了一个 student.data 文件，打开 student.data 文件后没有看到任何内容，说明程序执行了加载学生信息的功能，新建了 student.data 文件。

再次运行 main.py 文件，保存学生信息的运行结果如下所示：

```
=====================
学生管理系统 V1.0
1.添加学生信息
2.删除学生信息
3.修改学生信息
4.查询学生信息
5.显示所有学生信息
6.保存学生信息
7.退出系统
=====================
请输入您需要的功能序号：1
请输入学生的姓名：小花
请输入学生的性别：女
请输入学生的手机号：000000
添加成功！
姓名小花，性别女，手机号000000
=====================
学生管理系统 V1.0
1.添加学生信息
2.删除学生信息
3.修改学生信息
4.查询学生信息
5.显示所有学生信息
6.保存学生信息
7.退出系统
=====================
请输入您需要的功能序号：1
```

```
请输入学生的姓名：小明
请输入学生的性别：男
请输入学生的手机号：111111
添加成功！
姓名小明，性别男，手机号111111
=====================
学生管理系统 V1.0
1.添加学生信息
2.删除学生信息
3.修改学生信息
4.查询学生信息
5.显示所有学生信息
6.保存学生信息
7.退出系统
=====================
请输入您需要的功能序号：6
保存成功！
```

再次打开 student.data 文件，可以看到该文件中保存了添加的两名学生的信息，说明程序成功保存了学生的信息。student.data 文件中的内容如图 10-4 所示。

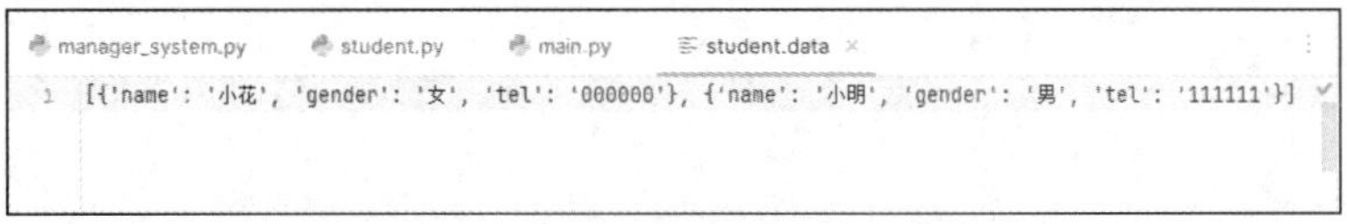

图10-4　student.data文件中的内容

10.4　本章小结

本章采用面向对象的编程方式开发了一个综合项目——学生管理系统。通过学习本章的内容，读者可以理解面向对象编程思想的优势，并能够轻松地将面向对象的编程思想运用到实际项目的开发中。